FASHION

FASHION
THE ESSENTIAL VISUAL GUIDE TO THE WORLD OF STYLE

Karen Homer

时尚信息图
时尚世界的视觉指南

[英]凯伦·霍莫／著　张维／译

重庆大学出版社

11

35

61

103　　133　　159

献给霍华德、奥利和基蒂。

序
INTRODUCTION

时尚是一种视觉媒介，一条柔美的雪纺裙的精致色调、一双时装鞋的繁复刺绣、一只古董包的岁月光泽，这些都是我们感官上欣赏的东西。因此，呈现图像也是呈现时尚信息的最佳方式，特别是当下我们早已习惯了被 Snapchat 和 Instagram 的即时视觉所满足，越来越没有时间和兴趣去阅读那些冗长的主题，尽管它们是我们所喜爱的。

本书就是这样做的，提供了大量"方便入口"的信息，包括时装和配饰行业方面的现状和数据、时装秀和杂志拍摄的幕后信息以及机械化服装生产的各种细节。如果你想知道设计师是如何选择下一季的色彩，一款新的时尚造型需要多长时间才能从时尚秀场到达高街时装店，甚至是一件高级定制需要花多少时间来完成，本书都能告诉你。如果你喜欢怀旧或复古，本书有多个页面专门介绍在过去的年代，最伟大的时尚偶像是如何打造他们的个人形象的。在一个几乎所有漂亮东西都以风格为导向的世界里，你可以从各种服装和配饰（包括裙子、裤子、外套和帽子）的版型中选择你最喜欢的。

大约 20 年前，我刚开始写时尚内容的时候，情况与现在大不相同，那时所有事情都和四大时装周绑定在了一起——纽约、伦敦、米兰、巴黎——如果你没有一张梦寐以求的热门时装秀的门票，你都不知道设计师们创作了些什么。时尚爱好者们对各大顶级时尚杂志最重要的 9 月刊和 3 月刊都屏息以待，以便了解自己未来应该穿什么，了解哪些设计师的时装值得投资，因为那是高街时装店无法与之竞争的。今天，时装秀已经通过互联网进行现场直播了，像 ZARA 这类时装品牌只需 2 ~ 4 周就能将其模仿的时装上架到店里，它们比那些时装设计师自己店的

生产和上架管理反应更加迅速。时尚博主在秀场里上传图片和内容，比有几十年从业经验的时装编辑们更具影响力，同时也在一些值得纪念的事件中造成了不少冲突。

从各个方面来看，今天的快时尚都是一个不利因素，因为快时尚往往意味着一次性时尚，它会将我们置于时尚的负面底线上：发展中国家的低收入劳动者在不安全的条件下工作，大量不需要的衣服堆积在世界各地的垃圾填埋场。值得庆幸的是，可持续时尚越来越受欢迎，各大品牌纷纷签署了道德化生产协议，要求其生产业务透明化，广泛回收衣物，向着二手衣物升级再造和重新利用的方向发展。

随着出现在主流时尚媒体中的模特越来越多样化，时尚的面貌也开始得到改善。不同年龄、种族、体型和性别的模特逐渐得到更公平的对待，真是令人耳目一新。

从轻松的方面来看，时尚应该是关于自我表达和乐趣的。本书为大家提供了不少这方面的东西：从极致身体艺术（这是许多人期待的部分），到时装设计师的穿衣小贴士，本书将有助于拓展时尚对于你的意义，让你思考什么已经过时，或许也能激励你去尝试新的东西。正如玛丽·安托瓦内特（Marie Antoinette）的服装设计师罗斯·贝尔坦（Rose Bertin）所说，"除了被遗忘的，没有什么新的东西了！"

第1章

MATERIALS & PRINTS 材质与印花

我们所认为的"时尚"都是从织物开始的。从柔软的天然羊毛到光滑的合成纤维，每件衣服都需要使用正确的面料来制作，而面料又决定了衣服是否便于运动、毛衣是否贴身，以及夹克的廓形结构。除了面料之外，还有色彩和印花。纺织品设计师和染色专家们在创造图样和图形方面只受其想象力的限制，这让我们在选择穿什么衣服时有了大量理所当然的选择。本章介绍了不同面料的制作方法，从代表平民主义服装的牛仔到备受追捧的工匠产品哈里斯粗花呢，同时分析讲解标志性的图案和印花。最后，有了这样的选择，责任就来了。有了丰富的可用材料，我们如何有道德地购物，如何可持续地生产衣服，以及我们如何爱护自己的衣服以延长它们的使用寿命，这些都是我们作为时尚爱好者要问自己的重要问题。

CUT FROM DIFFERENT CLOTHS 来源不同的材料

生产服饰面料的原材料比你想象的要多 —— 木浆、菠萝、虫茧、荨麻叶和玻璃都被用来制造面料和纺织品。时尚从不回避各种奇葩奇趣的尝试。曾经主要的面料 —— 动物纺织品，现在已经不那么受欢迎了，这一定程度上多亏了动物权利活动家。即使是植物纺织品也会引发可持续性问题，这意味着制造商得努力生产具有天然纤维外观和品质的合成纺织品。

SYNTHETIC TEXTILES
合成纤维

人造丝、人造棉、莫代尔和醋酸纤维，被设计师用于仿制昂贵的丝绸。从技术上讲这些材料源自天然，但使用了大量化学工艺进行制造。尼龙，是人类创造的第一种合成纤维，诞生于 1938 年，它本质上是一种塑料，但作为一种新颖的面料出售，并因其引发的"丝袜革命"而被大众永远铭记。聚酯纤维在制造耐用、快干、防皱的服装方面取得了巨大的成功，现在，它由于可以用回收的塑料瓶制造而获得了环保认可。腈纶可以纺成与羊毛或棉花相似的材料，常用作羊毛的合成替代品。氨纶、莱卡和弹性纤维含有至少 85% 的聚氨酯，使纤维能够做到近 5 倍的拉伸。它们被广泛用于运动服和弹力牛仔面料的生产。

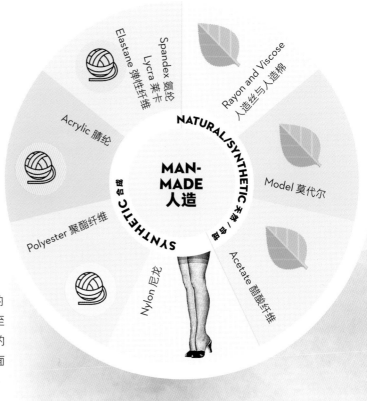

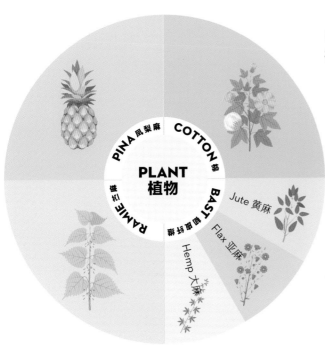

PLANT TEXTILES
植物纤维

棉花是棉花种子周围柔软的白色纤维，是一种用途广、透气性强的天然纤维，可用于多种类型的服装生产。韧皮纤维是来自黄麻、亚麻和大麻等植物的强韧纤维素基纤维。加工程度决定了最终面料的质量，例如麻布（粗织和开织）和亚麻（细织和软织）都是由亚麻植物编织而成，其成品完全不同。一种叫作苎麻的天然纤维来自荨麻科植物。它与其他天然纤维相比较脆弱，因此经常将它与棉或其他纤维进行混纺。菠萝麻是一种从菠萝植物的叶子中提取的纤维。

ANIMAL TEXTILES
动物纤维

从原始人第一次需要更暖和点开始，动物毛皮就被用来制作衣服。同样的，用鞣制动物皮制成的皮革来生产时尚服饰也有着悠久的历史。羊毛是最常用的动物毛发，而最好的动物纺织品则是由蚕茧加工而成。

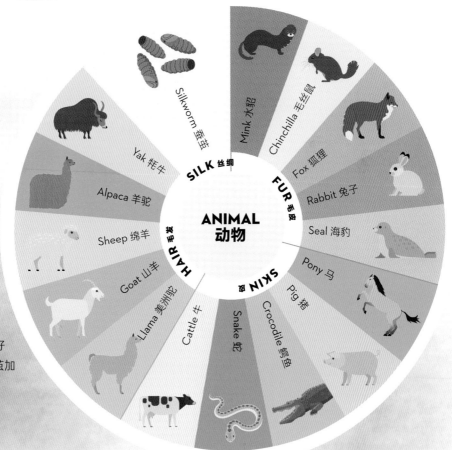

TO DYE FOR 染色

第一种合成染料是年轻的化学家威廉·亨利·珀金(William Henry Perkin)于1856年发明的。珀金试图合成当时唯一治疗疟疾的药物 —— 奎宁时发现他正在测试的煤焦油溶液将试纸染成了紫色。进一步的实验表明，这种被他称为"mauve"(淡紫色)的颜色不仅比以前使用的天然染料染出的颜色更加稠密，而且不会在阳光下褪色。于是，第一种化学染料诞生了。据估计，今天工业染色中使用的染料和色素超过10 000种。然而，化学染料的缺点是环境污染，并给工人带来健康风险 —— 在保护工人免受有害化学物质的侵害方面往往不足。

HOW TO NATURALLY DYE FABRIC 如何用天然染料对面料进行染色

遵循正确的步骤，用天然染料改变你的服装颜色是非常简单的。

01 制作染料

将几把染料源，如植物的叶子、根(切细)或浆果和草本植物，放进一个你不介意它被染色的大罐子里。往植物材料中加入双倍的水。慢炖一小时，滤出液体，然后放回罐子里。

02 固定面料

要让染料被面料"服用"下去，需要用固色剂来处理面料。草本染料需要半杯盐加八杯水作固定剂。浆果染料需要用醋作固色剂，一份醋加四份水。将面料在固色剂中煮沸一小时，然后彻底冲洗。

03 面料染色

将面料放入染色罐中，用文火煮至所需的颜色密度。为了固色，煮沸后须将面料浸泡一夜。记住，面料在湿润的时候会显得更暗，而且面料的量越大需要的染料也就越多。

04 清洗面料

取出面料，彻底漂洗并晾干。请务必将不同颜色的面料单独清洗或将类似颜色的面料放在一起清洗。注意！天然染料在阳光下和洗涤时都会褪色。

天然染料的原料
SOURCES OF NATURAL DYES

五彩斑斓的色彩
都可以从天然原料中提取而来,
水果、莓果、草本植物、
植物根茎,等等。

YELLOWS 黄色
月桂叶、万寿菊、向日葵、
圣约翰草、蒲公英、辣椒、
麦黄、芹菜叶、丁香枝、
黄樟树皮、马海菜根、
藏红花、小檗属植物

ORANGES 橙色
胡萝卜、金地衣、洋葱皮、
赤杨皮、血根、大金鸡菊、黄精叶

BROWNS 棕色
蒲公英根、橡树皮、核桃壳、
茶、咖啡、橡子

RED & BROWNS 红色与棕色
石榴、甜菜根、竹子、木槿、
血根、桉树皮、树根、漆树果、
蒲公英根、黑莓

PINKS 粉色
覆盆子、草莓、樱桃、
红玫瑰和粉红玫瑰、鳄梨皮和种子、
大冷杉树皮

RED & PURPLES 红色与紫色
漆树浆果、紫罗勒、
黄花菜、商陆浆果、
雀斑、紫色或红色地衣

GREENS 绿色
洋蓟、酸枣根、菠菜、薄荷叶、
金鱼草、丁香、草、荨麻、
车前草、桃叶、桉树叶、茶花、
毛地黄、茶树、西洋蓍草

BLUES & PURPLES 蓝色与紫色
靛蓝、菘蓝、红卷心菜、
接骨木、红桑葚、蓝莓、紫葡萄、
山茱萸皮、红雪松根

GREYS & BLACKS 灰色与黑色
鸢尾花根、漆树叶、栎五倍子、
黑胡桃、栎五倍子

绿色环保
GOING GREEN

———————

近年来，越来越多的时尚品牌开始倡导道德化的
商业行为。这些公司承诺为劳动力支付公平的工资，
大幅减少碳排放和废物排放，从而努力在买得起的
时尚和合乎道德的生产条件之间找到平衡。
超级廉价服装的兴起，对高街品牌（又称快时尚品牌）
来说是一种利好，但其背后根源是想尽一切办法
节约成本，当下需要促使具有前瞻性思维的品牌
保证生产过程的可再生、可持续。然而，将我们时尚消
费对大自然的负面影响降到最低的唯一有效办法是
少买衣服，更确切地说是少买快时尚产品。

我们现在的衣服拥有量
是 20 世纪 80 年代的 4 倍。

在美国，每年生产的 250 亿磅（约 0.113 亿吨）纺织
品中有 85% 被填埋。

ETHICAL FASHION
道德时尚

FAT FACE

ⓢ **EILEEN FISHER**

ⓢ **PEOPLE TREE**

ⓢ **ASOS ECO EDIT**

ⓢ **H&M CONSCIOUS**

ⓢ **TOPSHOP RECLAIM**

ⓢ **NISOLO SHOES**

ⓢ **PATAGONIA**

ⓢ **EVERLANE**

图表关键词:

ⓢ **可持续化公平贸易时尚品牌**

🍃 **绿色环保倡议**

🍃 **更好的棉花倡议** 为全世界的工人争取权利,倡导可持续发展和可持续化生产实践。

🍃 **持续化服装生产行动计划** 在全球范围,减少碳排放,节约水资源,减少废物排放。

🍃 **循环时尚** 由瑞典公司Green Strategy 推出的一种闭环式生产模式,将最终产品分解为零部件,再回收将其做成新的产品。

£1.4

在英国,每年有价值 1.4 亿英镑的服装被填埋。

UPCYCLED FASHION 升级循环的时尚

我们生活在"一次性"的社会，拥有的衣服比以往任何时候都多。
我们拥有的衣服是 20 世纪 80 年代的 4 倍。虽然我们在捐赠、
回收和再利用方面做得越来越好，但还有很多事情要做。
在英国，平均每个衣橱里有 30% 的衣服一年多没有被穿过。

我们扔掉了什么？
它们又去了哪里？

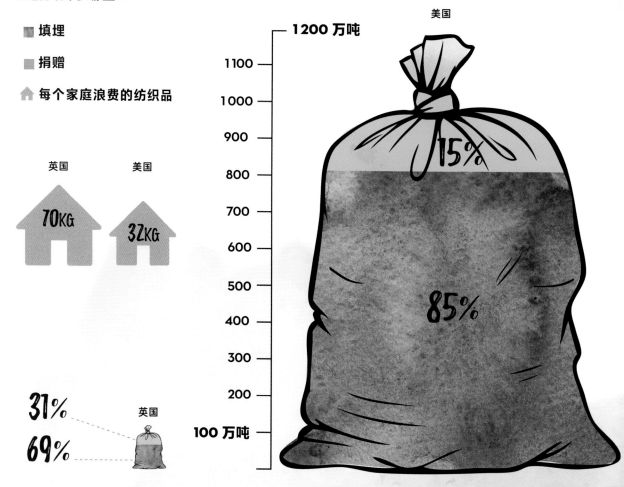

■ 填埋

■ 捐赠

🏠 每个家庭浪费的纺织品

英国   美国

70KG   32KG

31%

69%

英国

1200 万吨

1100

1000

900

800

700

600

500

400

300

200

100 万吨

美国

15%

85%

出口价值
二手衣服（百万）

一部分捐赠服装将由当地或全国慈善机构进行发放或在慈善商店转售，但每年有大量的服装出口到国外以赚取利润。

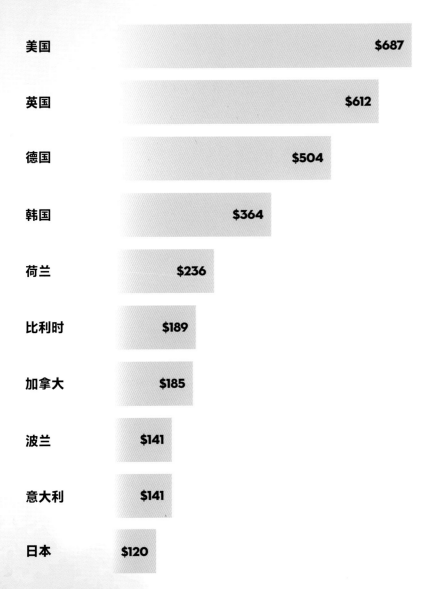

美国	$687
英国	$612
德国	$504
韩国	$364
荷兰	$236
比利时	$189
加拿大	$185
波兰	$141
意大利	$141
日本	$120

MAKE DO AND
MEND 制作与缝补

 用补丁给牛仔裤、夹克、毛衣注入新的生命。

 将旧的针织衫衣袖改造成针织手套或针织帽。

 将各种旧布料做成被子或碎布地毯。

 用洗衣机和天然染料将褪色的衣服重新染色或更改颜色（具体操作详见 P14 – 15）。

 学习编织、钩针编织、针线缝补和织补。

 将不需要的衣物带到提供回收服务的商店，如：

- H&M
- Patagonia
- North Face
- Eileen Fisher
- Levi's
- Marks & Spencer
- Uniqlo

TRUE BLUE 迷人的牛仔蓝

牛仔面料是一种超越阶级、财富和地位的耐磨面料，它的起源可以追溯到 16 世纪的意大利热那亚水手们所穿的耐磨裤子。"demin"这个词被认为是"de Nimes"的衍生词，法国的 Nimes 镇才是牛仔的发源地。李维·施特劳斯 (Levi Strauss) 被公认为牛仔裤的发明者。他于 19 世纪 50 年代发明了这种用铜纽扣衔接加固的、给高强度工业劳动者穿着的服装。在 1955 年的电影《无因的反叛》(*Rebel Without a Cause*) 中，詹姆斯·迪恩 (James Dean) 穿着一条牛仔裤，使其一下子打入了时尚主流中。同时，由于玛丽莲·梦露 (Marilyn Monroe) 对靛蓝面料的钟爱，女式牛仔裤迅速流行起来。

STONEWASHED DENIM
石磨水洗牛仔

一种漂白的牛仔，生产方式是将石头放在工业洗衣机中，让石头对牛仔进行打磨，使牛仔裤看起来破旧斑驳。

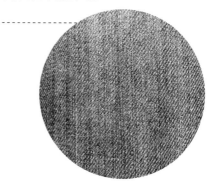

WAXED DENIM
打蜡牛仔

在经典牛仔布上加一层薄薄的蜡涂层，设计师们利用这一诀窍赋予时髦的牛仔裤一种光泽质感。

TWISTED DENIM
扭褶牛仔

让布面上的纱线过度扭曲，使成品牛仔裤拥有起皱的外观。

SELVEDGE DENIM
镶边牛仔

与其他非镶边牛仔相比,它是一种更厚、更暗、更硬的牛仔面料,同时也被公认为是更精致的牛仔面料。*

＊镶边牛仔是指用一种传统牛仔生产工艺生产的牛仔面料。在 20 世纪 50 年代之前,大多数面料(包括牛仔布)都是在有梭织机上制作的。有梭织机生产紧密织造的条纹(通常一码宽)的重织物。这些织物条上的边缘以紧紧的编织带完成,每一面都穿过,防止磨损、撕裂或卷曲。由于边缘从织机完成,有梭织机上生产的牛仔被称为具有 "self-edge",因此称为 "Selvedge" 牛仔布。在 20 世纪 50 年代,对牛仔布、牛仔裤的需求急剧增加。为了降低成本,牛仔品牌公司开始在抛射机上生产牛仔布。片梭织机可以以比有梭织机更便宜的价格创造出更宽的面料和更多的面料。然而,从片梭织机出来的牛仔布的边缘还没有完成,牛仔布容易受到磨损和破裂的影响。今天在市面上的大多数牛仔裤都是由 "Non-selvedge"(非镶边)牛仔布制成的,价格便宜。——译者注

STRETCH DENIM
弹力牛仔

将棉与人造纤维、弹性纤维的不同混合,造就了一款有松紧弹力的牛仔裤,通常穿着起来是紧身的。

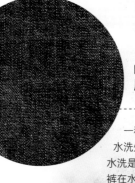

RAW DENIM
原色牛仔

一种在工厂没经过预水洗处理的牛仔裤。预水洗是一种防止成品牛仔裤在水洗时缩水的常见工艺。

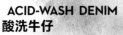

ACID-WASH DENIM
酸洗牛仔

将牛仔裤与石头一起浸泡在氯水中进行漂白水洗,从而使牛仔面料呈现出深浅不一的色彩。

DENIM BY NUMBERS
与牛仔相关的数字信息

100

100 层牛仔布叠放在一起,并向下施加压力,以便在剪裁时保持它们的位置不变。

15

一条标准的五袋牛仔裤是由 15 块牛仔面料缝合而成的。

6

用石磨水洗处理一条牛仔裤,需要与 1 千克的浮石一起水洗 30 分钟到 6 小时,从而达到不同程度的褪色效果。

1.6

每条牛仔裤需要用 1.6 米的布料、几百米的线、6 个铆钉、最多 5 个纽扣、4 个标签和 1 条可有可无的拉链。

15

缝制一条牛仔裤需要 15 分钟。

WOVEN HERITAGE 编织的传统

————————

苏格兰海岸外赫布里底群岛上的岛民一直在编织一种
结实的羊毛织物，几个世纪以来，这种织物被称为哈里斯
粗花呢，19 世纪 40 年代，邓莫尔伯爵夫人凯瑟琳·默里
（Catherine Murray）开始向她的贵族朋友们推广这种织物。
伯爵夫人派了两个当地的姐妹到苏格兰大陆接受正规的
织布指导，她们一回来就和当地的织布工分享她们的知识，
哈里斯粗花呢产业就此诞生了。哈里斯粗花呢一直以来都
代表着最高质量的原材料和最一流的手工工艺。20 世纪初，
哈里斯粗花呢的声誉更加响亮，以至于有必要在布料上印上
新注册的哈里斯粗花呢协会有限公司商标，以免被假冒。
"Orb"商标至今仍印在每一块布上，但是哈里斯粗花呢
已不再是贵族阶级的专属品了 —— 它已经成为全球
设计师和名流的首选布料，不仅出现在衣服上，也
出现在各种各样的产品上，比如 iPhone 手机壳和
室内装饰品，其品质依然是无与伦比的。

THE PROCESS OF MAKING TWEED
制作过程

① GATHERING THE WOOL
收集羊毛

哈里斯粗花呢使用的纯天然羊毛来自苏格兰大陆的绵羊，岛上的绵羊由当地人围拢和剪毛。

② WASHING & DYEING
洗涤与染色

与其他羊毛不同的是，哈里斯粗花呢的羊毛是在纺织之前进行染色的，这意味着不同的自然色调可以在染色前仔细混合，形成微妙的浓淡效果。

③ BLENDING & CARDING 混合与梳理

在纺羊毛之前，将白色和有色纱线称重，然后小心地混合。接下来，将纤维进行梳理、清洁、拉直和配比。

④ SPINNING
纺纱

在纺纱的时候，梳理好的纤细纱线会被缠绕起来，以增加羊毛的强度。细纱缠绕在筒管上，做成纬纱（左向线）和经纱（垂直线）。

⑤ ⑥ WARPING
经纱

经线在一个经纱架上按特定的顺序聚集在一起，从而保证成品布的颜色图案是准确的。这个过程的关键部分是由手工一次性完成的。

⑦ WEAVING 编织

根据 1993 年《哈里斯 - 特威德法案》（Harris Tweed Act），所有哈里斯粗花呢必须在外赫布里底群岛的岛民家中编织。羊毛筒子被送到有轨织机上进行编织。

FINISHING
收尾

油腻的机织羊毛，仍然含有用于染色的油，须返回到工厂。在那里，织补工会在彻底清洗和打浆之前，仔细检查并修补瑕疵，然后干燥、蒸、压制和修剪。

⑧ STAMPING 盖章

一块布在收到著名的哈里斯粗花呢"Orb"商标之前，它必须经过独立的哈里斯粗花呢权威机构的彻底检查。标志会被烫在织物的背面。

IN PRINT 印花

在众多的织物印花中，
各种标志性图案脱颖而出，
这些图案通常被那些
颇具个性风格的人士所穿着，
无论时尚如何变迁，他们
对自己的着装都有着
明确的风格感受。

GEOMETRIC
几何印花

各种醒目的形状，往往带有
20 世纪 60 年代的感觉，能让人
立刻表达出自己的时尚态度。

PINSTRIPE
细条纹

男士西装面料中的经典印花，
但被喜欢中性风格的女士所选择。
通常是深色背景上的浅色条纹，
条纹可以是任何颜色。

BRETON STRIPE
布雷顿条纹

以法国海军海员的 21 条条纹
军装为基础 —— 每条条纹代表
了拿破仑·波拿巴（Napoleon
Bonaparte）的一次胜利 ——
1917 年，可可·香奈儿
（Coco Chanel）将这一经典图案
推广开来。

PLAID/TWEED
格子花呢

一种手工编织的织物，最初被
苏格兰和爱尔兰农民使用，
以保护自己免受寒冷。花呢很受
欢迎，因为一种花呢是一个家族
的象征，被这个庄园的贵族和
他们的工人所穿着。

POLKA DOT
波点印花

以 19 世纪中叶的波尔卡音乐
命名，由于克里斯汀·迪奥
（Christian Dior）对波点的热爱，
他将其运用到了 20 世纪 50 年代
的新风貌（NEW LOOK）
风格服装设计之中，
赋予了波点优雅的气息。
它具有经典的复古风格。

PAISLEY
佩斯利印花
（又称佩斯利旋涡印花）

虽然这种图案可以追溯到公元前 50 年的波斯（现伊朗），但 16 世纪的克什米尔披肩是其被运用到面料上的最早纪录。后来披肩的制作传到了欧洲，并在苏格兰建立了最大的生产基地，从而让这款图案有了一个英国名称。

HOUNDSTOOTH/DOGSTOOTH
犬牙织纹

双色犬牙织纹起源于 19 世纪的苏格兰，是牧羊人的传统服饰图案，由抽象的四角形状制成，通常为黑白相间，最常用于羊毛或粗花呢。

ARGYLE
阿盖尔花纹
（又称多色菱形花纹）

阿盖尔花纹起源于 17 世纪苏格兰阿盖尔郡的坎贝尔家族的格子呢图案，在第一次世界大战后该郡被普林格尔接管。阿盖尔花纹经常出现在袜子或毛衣上，常常被大学预科生、高尔夫球手和日本时尚迷所穿着。

GINGHAM
方格纹

这种格子布的名称源于马来语的 "genggang" 一词，意思是有斑纹的。17 世纪初流传到欧洲，在工业革命期间开始流行，当时曼彻斯特的棉纺厂生产的这种面料很受欢迎。

IKAT
绊织图案
（又称扎染色织物图案或伊卡特）

这种古老的印花面料的生产工艺是多个地区的传统工艺，包括印度尼西亚、亚洲其他地区，以及非洲和南美洲。通过织前在框架上扎染丝线，使印花不完美、边缘模糊、重叠，从而创造出风格独特的图案。

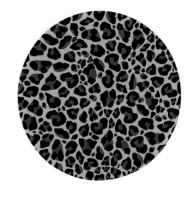

LEOPARD PRINT
豹纹

兽皮过去一直是地位的象征，但在 20 世纪 20 年代，魅力四射的电影明星们开始穿着这种印花服装。动物印花在整个 20 世纪都很流行，但穿动物印花是颇具风险的，人们对它有着各种不同的看法，它既可能被视为高级时装，也可能被认为是烂俗的低档货。

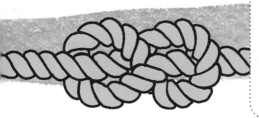

JEAN SEBERG
珍·茜宝

在 1960 年的电影《无法呼吸》（*Breathless*）中，这位法国新浪潮电影的明星身穿布雷顿条纹衫和休闲卷边牛仔裤，散发着自由恋爱的气息。

BRIGITTE BARDOT
碧姬·芭铎

这位法国女演员无论穿着任何服装都散发出性感的魅力，包括她衣橱里的主打单品——布雷顿条纹上衣。

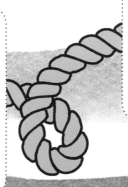

JAMES DEAN
詹姆斯·迪恩

这位演员在 1955 年的电影《无因的反叛》里穿了一件带领圈的 V 领布雷顿条纹衫，酷毙了。

COCO CHANEL
可可·香奈儿

香奈儿于 1917 年用布雷顿上衣与阔腿裤搭配，这组革命性的造型引领了一股风潮。

JEAN-PAUL GAULTIER
让－保罗·高缇耶

这位法国时尚界的"坏小子"可算是布雷顿条纹的宣传大使，他的衣橱里、他的秀场上，以及他为澳洲品牌 Target 设计的高街服装系列里都有布雷顿条纹衫。

NAUTICAL CHIC 时髦的水手风

标志性的布雷顿条纹上衣最早出现在 1858 年，是法国布列塔尼（Bretagne）海军水手的制服，因此而得名布雷顿（Breton）。该设计最初采用 21 条条纹，每一条代表拿破仑·波拿巴的一次胜利。可可·香奈儿看到水手们的穿着深受启发，将条纹上衣纳入 1917 年的航海主题（Nautical-themed）系列里，使其成为一种经典服装款式。时至今日，布雷顿上衣是一款万能的时尚单品，从经典优雅到前卫时尚，它能融入各种风格之中。

AUDREY HEPBURN
奥黛丽·赫本

在 1957 年的电影《甜姐儿》（*Funny Face*）和《镜头之外》（*Off Screen*），这位时髦的女演员把一件布雷顿条纹上衣和一条不规则剪裁的裤子搭配成了她的标志性休闲风格。

KATE MOSS
凯特·摩丝

这位超级名模总爱用条纹衫做打底衫，无论是搭配皮衣、皮草，还是设计师款夹克。

THE DUCHESS OF CAMBRIDGE
剑桥公爵夫人

公爵夫人用条纹衫搭配修身外套和紧身裤，其整体造型成为永恒的经典。

ALEXA CHUNG
艾里珊·钟

这位模特兼节目主持人钟爱经典条纹衫，经常用它搭配牛仔裙、牛仔裤，或把它塞进短皮裤里。

PABLO PICASSO
帕勃罗·毕加索

这位画家在很多代表性照片里都穿着他标志性的条纹衫。

OLIVIA PALERMO
奥利维亚·巴勒莫

她经常大胆地将超短裙、高跟鞋和名牌手袋与自己的条纹衫混搭在一起，使其成为这位 IT girl 的标志性造型。

A LIFE IN STYLE
AUDREY HEPBURN 奥黛丽·赫本——
风格的代名词

奥黛丽·赫本是少有的能真正称得上"风格偶像"的女性之一。尽管她自己或许并不这样认为，但她那简单、爽朗的风格魅力一直延续至今。无论是光着脚穿黑色紧身裤搭配布雷顿条纹上衣，还是用珠宝搭配有史以来做工最完美的小黑裙，赫本都能使其成为最时髦的搭配。

《罗马假日》 ROMAN HOLIDAY

赫本在 1953 年的电影《罗马假日》中一举成名，她穿着一条长裙、搭配了一件白衬衫和一条围巾，脚踩一双系带凉鞋，坐在格利高里·派克（Gregory Peck）的摩托车后座，在罗马欢乐地风驰电掣。这一形象一直延续至今，别致而纯真，这一个清新的夏季造型永远与女演员的风格联系在了一起。

《龙凤配》 SABRINA

设计师于贝尔·德·纪梵希（Hubert de Givenchy）第一次为赫本设计服装，是在 1954 年的电影《龙凤配》里，赫本自此成为纪梵希的灵感缪斯。尽管最后靠这部电影赢得了奥斯卡奖的是派拉蒙电影制片厂的服装设计师伊迪丝·海德（Edith Head）。

别致的、带有华丽刺绣和戏剧化火车图案的黑白相间晚礼服本身就配得上奥斯卡，而具有纤细的腰身和笔直的船型领口的黑色鸡尾酒裙，则掀起了一股被称为"情归巴黎"领口的时尚风潮。赫本非常喜爱这条裙子，它很好地遮住了她的锁骨以免让她觉得羞涩、不自然，同时又突出了她的肩部线条。

《甜姐儿》 FUNNY FACE ①

赫本受过芭蕾舞的训练，非常适合 1957 年电影《甜姐儿》中的帅气舞者角色着装：上下一身黑，黑色的紧身七分裤搭配黑色上衣。在幕后等待彩排时，她穿着不规则剪裁的黑色裤子搭配经典的布雷顿条纹上衣。

《蒂凡尼的早餐》 BREAKFAST AT TIFFANY'S ②

赫本最标志性的服装是其在电影《蒂凡尼的早餐》中扮演霍莉·戈莱特（Holly Golightly）时所穿着的 Givenchy 黑色连衣裙。在 2016 年的拍卖会上，这条裙子以破纪录的 467 200 英镑的价格拍出，这件特别版估计算得上是终极小黑裙了。但其实赫本穿过很多黑色连衣裙，经常用珍珠、围巾、太阳镜或是一项超大号的帽子来搭配它们。

《迷中迷》 CHARADE ③

无论是在生活中还是在电影里，赫本经常穿着一件经典的束腰风衣，搭配头巾和超大墨镜。这样的着装搭配，出现在了《蒂凡尼的早餐》里，也出现了与卡里·格兰特（Cary Grant）一起合作出演的 1963 年电影的《迷中迷》中。在荧幕外，赫本在躲避粉丝和狗仔队时也经常这么穿。

疯狂的色彩
COLOUR CRAZY

如果你想知道下一季流行什么色彩，那就去见见色彩预报师：有的像是算命先生，有的是专业的研究员*。色彩预报师会为你预测未来两年你会穿什么颜色。在全球化的大趋势下，研究员的工作不仅仅局限于时尚，也涉及室内、环境甚至政治等各方面，他们试图捕捉文化的时代精神并展示其色彩。

潘通（PANTONE）是一家美国公司，它一直主导着很多行业的色彩标准。他们每年会召开两次会议，邀请色彩影像行业、纺织行业、时装品牌的代表一起讨论色彩系列的优点，并预测哪些颜色会俘获时尚设计师和公众的想象力。PANTONE 公司竭尽全力从 2000 多种主要色彩上不断聚焦，直至聚焦到一组核心色彩上。其最后的成果并不是一个绝对命令，但它确实推动了整个时尚界的设计和产品都倾向某一特定的色彩，并传递出一个信息：绿色、橙色、黄色或其他什么颜色是"新的黑色"。实际上，PANTONE 公司每年都发布一款"年度色彩"，右边列举了一些PANTONE 年度色彩。

＊这句话的意思是指有些色彩预报师比较感性，比如某些时尚博主，有些则是专业色彩研究机构的研究员。
——译者注

2000	2001
PANTONE® 15-4020 Cerulean	**PANTONE®** 17-2031 Fuchsia Rose

2006	2007
PANTONE® 13-1106 Sand Dollar	**PANTONE®** 19-1557 Chili Pepper

2012	2013
PANTONE® 17-1463 Tangerine Tango	**PANTONE®** 17-5641 Emerald

2002

PANTONE®
19-1664
True Red

2003

PANTONE®
14-4811
Aqua Sky

2004

PANTONE®
17-1456
Tigerlily

2005

PANTONE®
15-5217
Blue Turquoise

2008

PANTONE®
18-3943
Blue Iris

2009

PANTONE®
14-0846
Mimosa

2010

PANTONE®
15-5519
Turquoise

2011

PANTONE®
18-2120
Honeysuckle

2014

PANTONE®
18-3224
Radiant Orchid

2015

PANTONE®
18-1438
Marsala

2016

PANTONE®
13-1520
Rose Quartz

PANTONE®
15-3919
Serenity

2017

PANTONE®
15-0343
Greenery

ALWAYS READ THE LABEL
一定仔细阅读水洗标

护理好自己的衣物应该很容易，但新衣物的水洗标上有很多难以辨认的符号 —— 如果你没有遵循这些符号所示的洗涤规则造成了衣物损伤，商家就可以规避责任，拒绝你的退货要求。这或许正是这些乱七八糟的符号存在的意义。

HOW TO WASH DELICATES 如何洗涤贴身衣物

胸罩的水洗标总是提醒你要手洗，但谁有那么多时间手洗呢？然而，把内衣胸罩放进洗衣机里洗是错误的，因为它可能会缠在其他衣物上，胸罩上的钢圈还可能掉出来，对洗衣机造成损坏。因此，在你将它放入洗衣机之前，你需要先将其放入枕套或胸罩专用的洗衣网里。

WASHING	 普通棉质衣物的 洗涤温度， 40 度洗涤 ＊符号下加一下划线表示温和，两条线表示非常温和。——译者注	 化纤衣物的洗涤温度 40 度温和洗涤	 羊毛制品的 洗涤温度 30 度非常温和洗涤 ＊羊毛不适宜 30 度以上的水温，因为羊毛在 35 度左右就会缩水，原书温度标识有误。——译者注	 只能手洗

BLEACHING	 适用于所有衣物 漂白剂	 只能用氧基（非氯） 漂白剂		

TUMBLE-DRYING	 可以滚筒烘干	 滚筒低温烘干	 滚筒中温烘干	＊原书英文解释有误，原文中滚筒洗衣机符号里边 1 个点表示低温，2 个点表示中温，3 个点表示高温，这里的符号缺最后一个符号标识。——译者注

IRONING	 低温熨烫	 中温熨烫	 高温熨烫	

DRY-CLEANING	 可以干洗	 缓和干洗 ＊又称按特定程序干洗，一般特指用四氯乙烯溶剂干洗。如果圆圈中间是 F，则是指用烃类溶剂干洗。如果符号下加了下划线，表示温和干洗。——译者注	 专业湿洗	

DO NOT	 不能水洗	 不能漂白	 不能用洗衣机烘干	 不能熨烫	 不能干洗

第 2 章

服装潮流与风格

CLOTHING TRENDS & STYLES

我们从未有如此多的服装选择来展现自己的风格，无论你是选择标志性的经典款还是选择一种更为独树一帜的时尚方式。本章着眼于传统服饰类型，并分析每种类型所包含的各种风格，这也是不停拓展时尚边界的方法。此外，本章还探讨男装的流行趋势和近期时尚界的新热点领域，比如面向儿童的设计师款时装。

DRESS TO IMPRESS 给人留下深刻印象的穿着

美国版 *Vogue* 的传奇主编戴安娜·弗里兰（Diana Vreeland）曾说过，"你穿的不是衣服，而是你的生活"。一件好衣服会让你忘记它的存在，你知道它会让你看上去很漂亮，过好自己的生活。幸运的是，无论什么体形、风格、年纪、预算，都能找到适合自己的服装。

SHIFT
直筒连衣裙

经典款连衣裙，通常是圆领无袖的，裙摆长度刚好到膝盖附近。

TEA
茶歇裙

复古风格的日装裙，由轻质的印花面料制成，如雪纺。

COCKTAIL
鸡尾酒裙

齐膝长度的合身裙装，一般是小黑裙版型。

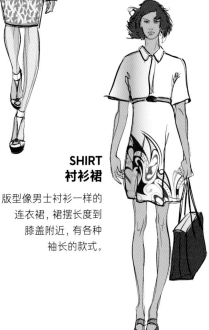

SHIRT
衬衫裙

版型像男士衬衫一样的连衣裙，裙摆长度到膝盖附近，有各种袖长的款式。

EVENING
晚礼服

正式的礼服长裙，适合庄重正式的场合，有各种领口，如无肩带、露肩或不对称。

MAX
马克西裙
又叫及踝长裙

20 世纪 70 年代风格的
长裙，裙摆很长，版型宽松，
有的带有波西米亚风格
的印花，最近流行的
无肩带款长裙也是
马克西裙的一种。

MINI
迷你裙

20 世纪 60 年代的
经典风格。设计简洁
的短裙或超短裙。

BODY-CON
紧身连衣裙

又称绷带裙
（bandage dress）或
抹胸裙（bandeau dress），
通常裙摆比较短，且非常
合身，这个版型的裙子
无法掩藏任何东西，
穿着者的身材优缺点
会被暴露无遗。

A-LINE
A 字裙

一种讨人喜欢的款式，
流行于 20 世纪五六十年代，
胸围和腰围处设计非常合身，
下摆却宽大呈喇叭口形状。

WRAP
裹身裙

一种垂褶的束腰裙，强调曲线，
通常是真丝材质的，适合各种场合。

LITTLE 小黑裙
BLACK DRESS

黑色一直以来都是哀悼的象征，
但在 1919 年，时尚设计师可可·
香奈儿公开谴责了慈善舞会上
女士们的着装颜色。她认为
"太可怕了，这些色彩让女性变得丑陋。
我觉得她们应该穿黑色"。于是
风靡全球的小黑裙（LBD）诞生了。
时髦的小黑裙大多采用经典的
连衣裙廓形，有露背领口、
不对称的单肩剪裁，以及
各种舞会风格的裙摆，
这些都是永不过时的
经典设计。

THE DIOR LBD
迪奥小黑裙

克里斯汀·迪奥的"新风貌"风
格小黑裙最大的特点是
沙漏型设计：丰胸、束腰、
大裙摆，以及深 V 领设计。
优雅的及小腿裙长让整条裙子
看上去有一种芭蕾气质。

THE CHANEL LBD
香奈儿小黑裙

香奈儿女士创造了时髦的
小黑裙，1926 年她的设计登上了
Vogue 杂志，被称为"香奈儿的
福特"（Chanel's Ford），意思是
她的设计像福特汽车一样经典。
它是典型的简洁优雅设计，也
具有 20 世纪 20 年代香奈儿的
标志性风格：非紧身设计、低腰、
及膝的裙摆长度，珍珠是其
最完美的配饰。

THE MOVIE-STAR LBD
影星小黑裙

斜裁、材料采用柔软的缎背绉，
这种风格旨在展现纯粹的影星魅力。
紧身的剪裁搭配低胸露肩设计，
与温柔端庄的 20 世纪 20 年代
小黑裙形成鲜明的对比。

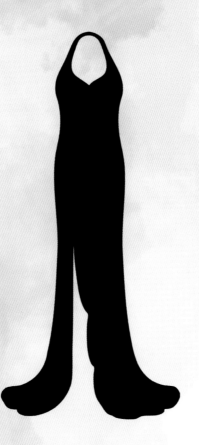

THE "REVENGE" LBD
"复仇"小黑裙

戴安娜王妃的"复仇礼服"是
20 世纪 90 年代的经典小黑裙。
当时一家电视台正在播放一部
纪录片揭露查尔斯王子与卡米拉的
奸情，（为了回击此次丑闻事件）
当晚戴安娜决定穿着希腊设计师
克里斯汀娜·斯坦博利安
（Christina Stambolian）设计的
低胸露乳沟、中长款修身小黑裙。
其效果是相当惊人的。

THE HEPBURN LBD
赫本小黑裙

回想一下赫本在
《蒂凡尼的早餐》中，
总是穿着一条标志性的小黑裙，
它是由于贝尔·纪梵希
设计的（见 P29 ）。性感的长裙
恰到好处地展露出演员
娇嫩的双肩。
这个造型被全世界争相模仿。

A LIFE IN STYLE
VICTORIA BECKHAM 维多利亚·贝克汉姆的 风格人生

无论你对维多利亚·贝克汉姆持有什么样的看法，毫无疑问，
这位"时尚辣妹"在重塑其形象方面很出色。20 多年来，她从
流行歌手到足球运动员的妻子，再到蜕变成一名低调、时髦的
国际知名设计师 —— 别忘了，她还是 4 个孩子的母亲 ——
一个了不起的人。很少有女性能够做到这样的转变。

流行天后时期 POP PRINCESS ①

22 岁的维多利亚·亚当斯（Victoria Adams，维多利
亚·贝克汉姆婚前的名字）是偶像女团"辣妹"组合中的
一员，也因为该偶像女团一举成名。她因为喜欢穿小黑
裙，热爱时尚，也因为她那"时髦的"噘嘴，而被大众称
为"时尚辣妹"。除了歌手身份之外，维多利亚还是一名
舞者、一位模特，她喜欢穿紧身到有些暴露的服装，常常
以一件胸衣搭配迷你裙出现在舞台上。

初为人妇人母时期 WIFE & MOTHER

1997 年 7 月 4 日，维多利亚像公主一样穿着王薇薇（Vera
Wang）的婚纱嫁给了足球运动员大卫·贝克汉姆，这是
所有女孩的梦想。之后，维多利亚剪了斜剪形的短发，并
怀抱着宝宝布鲁克林为《Hello！》杂志拍摄了时尚大
片，这也是他们二人正式以夫妻身份登上时尚媒体。

摇摆不定时期 WAG

作为运动员的"妻子和女友"，维多利亚的着装始终如
一，常常穿着一条超短裤搭配色彩艳丽的低胸上衣，陪伴
在大卫·贝克汉姆身边。她给人的印象总是一头凌乱的
头发，一身晒成小麦色的皮肤，行色匆匆。2007 年，她
几乎只穿超紧身的连衣裙，并且大多是亮色的或动物印
花的。

设计师时期 DESIGNER ②

2008 年，维多利亚·贝克汉姆身着一件精致的橙色褶皱
连衣裙担任一档美国时尚真人秀节目"Project Runway"
的客座评委，完成了她的一次风格转型。同年，她推出了
她的首个时尚设计：一个由 10 款精致连衣裙组成的胶囊
系列。尽管其设计水平饱受质疑，但这个系列却广受大
众欢迎。

晚装时期 EVENING WEAR ③

维多利亚·贝克汉姆一直热爱时尚，她于 2000 年在玛
丽亚·格拉奇沃格尔（Maria Grachvogel）的时装秀场
亮相。在其成立自己的时装线之前，她喜欢穿具有独特
魅力的设计师设计的服装，如罗伯特·卡沃利（Roberto
Cavalli）、罗兰·穆雷（Roland Mouret）等，并搭配皮草
披肩、珠宝和高跟鞋。

职场偶像时期 BUSINESS ICON

通过推出 Victoria by Victoria Beckham 这个价格更低、
更休闲的副线品牌，维多利亚·贝克汉姆在 2011 年英国
时装大奖上获得了最佳品牌奖。她通过自己的品牌服
装，展现了一位自信、时尚的时装设计师和女商人形象。
随着她的同名品牌在时尚圈的影响力越来越大，维多利
亚·贝克汉姆巩固了她在时尚圈最高阶层的地位。

裙装专题
SKIRTING THE ISSUE

裙子是流行了很多个世纪的时尚单品。
2011 年亚美尼亚考古学家发现了一条
5 900 年前的芦苇裙碎片。一直以来，
女性都被要求穿着裙子或连衣裙套装。
直到 20 世纪 20 年代，可可·香奈儿
开始大胆地让女士穿上了男士的裤装。
事实上，直到 2013 年，法国宣布了一条
19 世纪的法律无效（尽管没有人遵守它），
才让女人可以自由地穿着裤装。
女人穿裤子的历史已近一百年了，
女人们对裤子的新鲜感早已消失，
但对裙子的渴求却始终如一。
没有哪款裙子永远是时髦的，
她们需要各种各样的裙子。

PENCIL
铅笔裙

及膝长度的优雅短裙深
受文秘群体和 20 世纪
50 年代女性喜爱，
直到今天它依然是
上班族的必备单品，
也是一款经典的
复古风格造型单品。

MINI
迷你裙

迷你裙的长度最长到大腿中部，
最短短到仅比腰带略长一点。
版型上，有的是直筒，有的是
喇叭口的。它是为穿着大胆、
敢于暴露的人设计的。

BUBBLE OR
PUFFBALL SKIRT
泡泡裙

20 世纪 80 年代的经典款式，
尽管它经常被贴上
"最失态时尚造型"的标签，
但依旧被不少女士选择穿着。

TULIP
郁金香裙

它像花朵一样，其款式设计正面
像重叠的花瓣，椭圆形廓形。
其裙摆长度一般在膝盖上方。

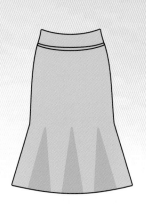

GODET SKIRT
加裆裙

一种褶裙，在裙摆处插入三角形
面料或做褶皱，增加裙摆体量，
并使之呈现喇叭口形。

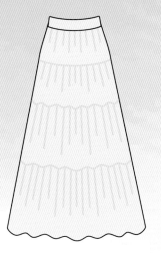

GYPSY SKIRT
吉卜赛裙

有层次的长裙，搭配无袖的
苏格兰刺绣短衫或衬衣，
是 20 世纪 80 年代怀旧风格。

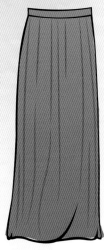

MAXI
超长裙

20 世纪 60 年代和 70 年代的
波希米亚嬉皮士将超长裙穿在热裤外边。
现在流行在裙子上印上柔和的印花，
搭配修身或短款的上衣，
以平衡整体廓形。

CIRCLE
圆周裙

圆周裙是一种蓬蓬的喇叭裙，
有各种长度，因其展开的印刷图案是
一个圆形而得名。较短款的圆周裙
是纯正的摇滚风格服装单品。

A-LINE
A 字裙

通常带有箱型褶皱，长度及膝。
它是一种典型的 20 世纪 50 年代
风格服装单品，也是一种
非常讨人喜欢的廓形。

TULLE SKIRT
薄纱裙

一种蓬蓬的荷叶款芭蕾舞裙。它使芭蕾舞裙离开了芭蕾舞训练杆，
走出芭蕾舞房，成为一款街头流行的时尚单品。

CAPE
斗篷

带袖孔的斗篷是替代外套的
潮流单品，具有优雅的
复古气息。

DUFFLE
粗呢·牛角扣大衣

这种连帽外套也被称为"Togglle"
（棒型纽扣外套），由源自比利时
达菲尔镇的厚重羊毛织物制成，
带有经典的格子布衬里。

CROMBIE
克朗比大衣

它是以 19 世纪早期苏格兰产布商
约翰·克朗比（John Crombie）的
名字命名的外套，单排扣
贴身剪裁，四分之三长度
（即大衣长度在膝盖附近），
由细羊毛织物制成。

BABY, IT'S COLD OUTSIDE
外套专题

外套不仅仅是保暖用的，它们也是服饰
的一部分，这也就是为什么需要一件
适合所有季节和风格的外套。

FUR AND SHEEPSKIN
皮草外套和带毛绵羊皮外套
（又称羊剪绒外套）

尽管受到动物权利保护运动人士的抗议，
皮草外套、羊剪绒外套和剪毛外套
（Shearling coat）依旧很受欢迎。古董皮草和
人造皮草是具有动物伦理意识的人的最佳选择，
被越来越多的高端时尚引领者选择，比如：
斯特拉·麦卡特尼（Stella McCartney）。

PEA COAT
双排扣粗毛呢短大衣
（又称短款海军呢大衣）

19 世纪由荷兰人发明，
并在英国海军和后来的美国海军中
流行。这款双排扣粗毛短大衣现在
仍是一款经典的时尚单品。

SWING COAT
阔摆大衣

它源于 20 世纪 50 年代流行的
宽袖外套。这种风格的外套，
腰部是贴身剪裁的，
并搭配了一个宽松的下摆。

WRAP COAT
束腰大衣
（又称浴袍款大衣）

听它的名字就知道，它是一款在腰部系
腰带而不是扣扣子的裹身外套。

PUFFER
羽绒外套

艾迪·鲍尔（Eddie Bauer）于 20
世纪 30 年代设计，是可替代
羊毛大衣的保暖服装，其填充
羽绒的设计可有效抵御寒风，
并均匀保暖。

TRENCH
军装风格系带风衣

经典的军装风格系带风衣是米色的，
是长度及膝或到小腿的轻质外套，由华
达呢（gaberdine）制成。华达呢是一款由
托马斯·博柏利（Thomas Burberry）
于 1879 年开发的独特的防雨面料。

PARKA
派克大衣

它是一款军装外套，20 世纪 60 年代被
摩斯族（MODS）所喜爱，并迅速风靡街
头。派克大衣配有一个带毛皮领的风帽，
衣身设有无数个口袋，
是一种典型的实用主义风格。

THE JACKET 夹克专题

一件夹克可以瞬间改变一个人的整体着装风格，一件夹克也是跨季的完美解决方案。夹克的款式有很多，这里罗列了一些永不过时的经典款式。

WAXED JACKET
油布夹克

款式与野战夹克相似（见下左），但采用独特的涂蜡棉布制成。它是由 Barbour 品牌在 19 世纪后期逐渐推广起来的一种服装款式。它长期以来一直与英国的贵族和乡村生活方式联系在一起。高端的涂蜡棉或皮制摩托车夹克深受骑手和名流们的喜爱。

FIELD JACKET
野战夹克

这款军装夹克又被称为 M65，深受鲍勃·马利（Bob Marley）和各地的淘气男孩们的喜爱。这款夹克通常是橄榄绿色，有带翻盖的口袋，可以卷入衣领的挡风帽。

BLAZER
布雷泽夹克

布雷泽夹克，也被称为休闲西装外套，有双排扣和单排扣之分，带金色或素色纽扣，由素色或花呢面料制成。这些细节的选择，为这种合身夹克带来了无穷无尽的变化。

BOLERO
波列罗夹克

波列罗夹克的设计受到斗牛士的启发，这款超短夹克有一个弧线形的翻领，经常穿在连衣裙外面，适合搭配时髦的晚装。

BOMBER JACKET
飞行员夹克

原版飞行员皮夹克在 20 世纪 50 年代
被很多女士穿着，其中包括
玛丽莲·梦露，她将这款束腰短夹克与
其标志性的紧身连衣裙搭配在一起。
这款夹克深受好莱坞电影的喜爱，
和飞行员的爱情故事紧密相连。
从高街时尚款到 T 台上的刺绣、
缎纹设计款，各种款式的
飞行员夹克风靡了整个时尚界。

BIKER JACKET
机车夹克

拉链皮革机车夹克诞生于 1928 年，
由哈雷 - 戴维森摩托的供货商提供销售。
它立刻被一代机车"骑士"所钟爱。
马龙·白兰度（Marlon Brando）、
詹姆斯·迪恩（James Dean）、
希德·威瑟斯（Sid Vicious）和
布鲁斯·斯普林斯汀
（Bruce Springsteen）
等名流都曾穿过这款夹克。
和其他男士夹克一样，
它很快也受到了女士的欢迎。

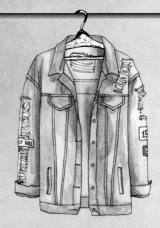

DENIM JACKET
牛仔夹克

牛仔夹克和牛仔裤一样都深受
消费者喜爱，自 20 世纪 50 年代以来
一直是主流时尚单品。几十年来，
各种风格的牛仔夹克不断涌现，
面料颜色从泛白的浅蓝色到深蓝色，
夹克版型从紧身款到超大廓形款，
处理方式从石磨水洗到酸洗，
装饰手法从艺术家合作款到标语款
再到水晶、亮片、刺绣修饰款等。

TUXEDO
无尾礼服 / 塔士多礼服

女士无尾礼服源自经典款的
男士无尾礼服，一般是黑色、长款，
带缎面翻领。女士可以用它替代
华丽的晚礼服，
穿着它出席某些正式场合。

VARSITY
学院夹克

学院夹克，中国俗称棒球夹克。
它源自全美大学生运动员夹克，
衣身和衣袖的颜色一般是对比色，
袖口和下摆往往是条纹状
花纹的螺纹口。

CHANEL
香奈儿夹克

虽然很少有人买得起真正的香奈儿夹克，
但如果要挑选一件高档的外套，
带有对比色绲边的高品质无领细花呢
夹克是女士们的终极选择。

GAME, SET & MATCH 运动装专题

"运动休闲风"或许算是近期最流行的一个时尚词汇了，
运动品牌服饰跨界成为日常穿着，呈现出爆发式增长；
舒适的时尚运动风的流行由来已久。

首次出现了专门为女性设计的高尔夫球和网球运动服饰。
随着第一次世界大战后女性服装的大规模生产，
休闲装的生产也逐渐扩大。

1920S

在纽约，几位设计师利用棉布和针织面料对服装进行了革新性设计，
创作了大量舒适的服饰。其中包括克莱尔·波特（Clare Potter）和
克莱尔·麦卡德尔（Claire McCardell），麦卡德尔因此被誉为
"美国最伟大的运动服设计师"。

1930S-1940S

大多数美国女性设计师继续尝试用更自由的休闲设计风格抵制来自巴黎的
紧身时装。她们设计了大量休闲衣裤套装、裤装和与之搭配运动服之类，
这些也是运动装设计中的基础单品。

1950S

运动服的全盛时期：喇叭裤搭配紧身衣，夹克衫和裤装上的垂直线条
从下巴一直延伸到脚趾。足球运动员、学校的小朋友、霹雳舞者都爱穿着运动服。

1970S

嘻哈艺术家穿着带有标语口号的、超大号的运动服；鲜艳的反光面料运动套装是最酷的
着装选择。像拉夫·劳伦（Ralph Lauren）和汤米·希尔费格（Tommy Hilfiger）这样的
设计师品牌的标签也出现在了运动服和连帽衫上。随着 Sweaty Betty 和 Lululemon
Athletica 之类的品牌面世，有氧运动服也逐渐成为街头流行服装。

1980S-1990S

斯特拉·麦卡特尼（Stella McCartney）在 2012 年伦敦奥运会上为英国代表团设计了队
服，并和阿迪达斯合作了 StellaSport 品牌。与流行音乐人的跨界合作火爆了街头，如碧
昂丝（Beyoncé）与 Topshop 合作的 Ivy Park，坎耶·维斯特（Kanye West）和阿迪达斯
合作的 Yeezy，蕾哈娜（Rihanna）和彪马合作的 Fenty Puma。同时，瑟琳娜·威廉姆斯
（Serena Williams）和罗杰·费德勒（Roger Federer）等体育明星也成了时尚偶像。

2000S-2010S

MALE FASHION TRIBES 男士时尚部落

记者马克·辛普森(Mark Simpson)于 1994 年创造了"都市美男"(metrosexual，也被翻译为花美男)这个词来定义一类新时代的男性，他们收入高，喜欢全球旅行，并热衷于时尚与美容。从此，男人也被划入了风格部落之中，关注服饰对自我的表达的不仅仅是女士了。

LUXE SPORTSWEAR
奢华运动风

想想那些穿着高端时尚品牌街头风格服饰的嘻哈艺术家。

带有口号标语的夹克或套头衫

牛仔裤或运动裤

运动鞋

METROSEXUAL
都市美男

特立独行的时尚男士，不害怕面对其女性化的一面，大卫·贝克汉姆是都市美男最初的代表。

剪裁考究的系扣领衬衫

全身上下都是大牌，包括手提包

剪裁完美的西装和夹克

HIGH-FASHION ROCKER
高端时尚摇滚范

像哈里·斯泰尔斯(Harry Styles)这样的流行歌星是新型摇滚人的代表。

印花套头衫搭配剪裁利落的外套，最好是伊夫·圣·洛朗(Yves Saint Laurent)的

紧身的，并常常带有破洞的牛仔裤

切尔西靴或运动鞋

TOUGH GUY

硬汉

杰森·斯坦森（Jason Statham）是硬汉风格的绝佳代表。

贝尔斯塔夫式夹克（不太机车夹克风格的那种）

破旧的牛仔裤

光头或局部剃光（如两侧剃短的美式油头）、板寸、圆寸类发型

V 领衫或羊毛针织套衫

皮靴

MODERN HIPSTER
现代嬉皮士

因其对"伐木工"着装风格的喜爱，故而现代嬉皮士又被大众称为"木匠美男"（lumbersexual）。

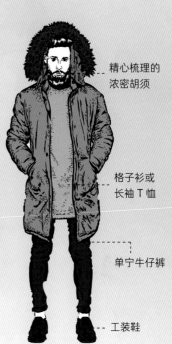

精心梳理的浓密胡须

格子衫或长袖 T 恤

单宁牛仔裤

工装鞋

MODERN PREPSTER
现代学院风

它是美式风格的转变，现代学院风与常春藤联盟学院风不太像。

系扣领衬衫

斜纹棉休闲裤或牛仔裤，有点滑稽的卷边裤脚

板鞋或沙漠靴

头戴（或倒扣）一顶棒球帽或戴一顶毛线帽

长度到踝关节的斜纹棉休闲裤或宽松的短裤，搭配齐膝长袜

多层叠穿的长款上衣或滑板品牌 T 恤，搭配格子衫或帽衫

Vans 运动鞋

SKATER STYLE
滑板男孩风

它起源于 20 世纪 70 年代的加州，当下滑板男孩风格风靡全球。

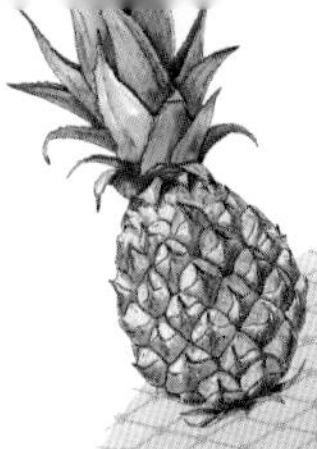

ANNA DELLO RUSSO FASHION MANIAC
安娜·戴洛·罗素丨时尚狂人

日文版 *VOGUE* 的资深编辑，曾被赫尔穆特·牛顿（Helmut Newton）称为“时尚狂人”（fashion maniac）。她无疑是时装秀场上最引人注目的人物。她喜欢佩戴水果形状的头饰，爱穿带有华丽印花的或毛茸茸的时装，也喜欢具有科幻感的时尚造型。

特立独行的时尚
MAVERICK FASHION

近几十年来，特立独行的时尚设计师和乐于展现自我的名流们一直在突破时尚的界限。他们彼此竞争，从而创造出最奇异、最古怪的服装。这是一种极端的时尚，其设计旨在打造震撼效果。

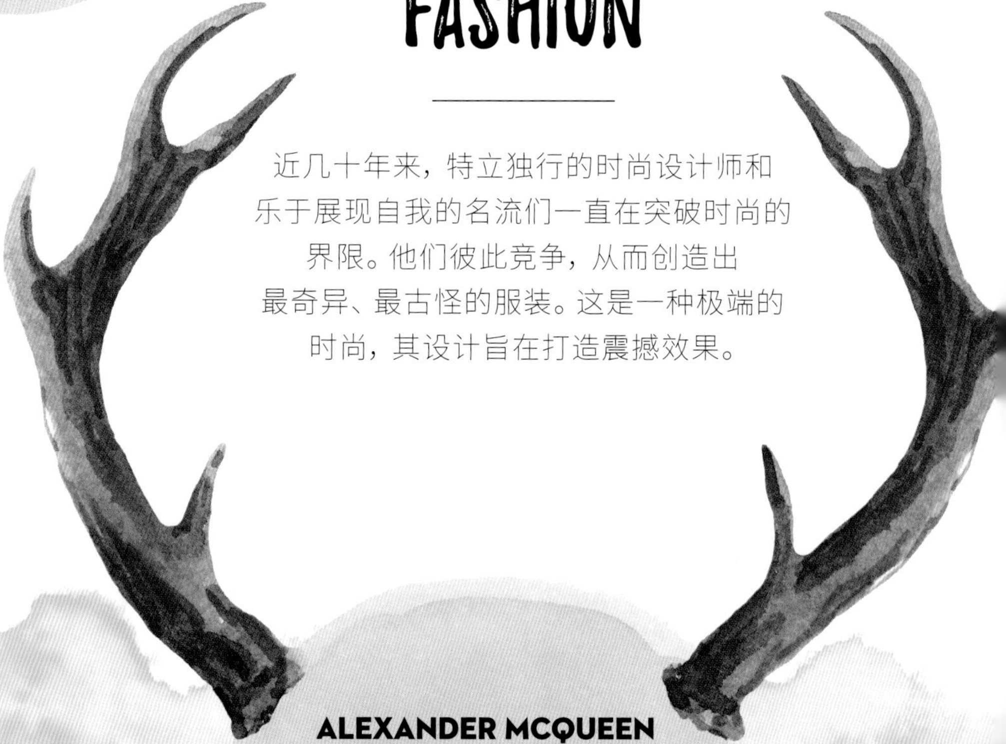

ALEXANDER MCQUEEN BOUNDARY PUSHER
亚历山大·麦昆丨时尚边界的拓展者

这位英国时尚设计师对时尚发展的推动比其他任何设计师都要强。他的作品不仅使用了各种不可思议的面料，并且采用了很多令人惊奇的材料。这些创意作品包括：玻璃纤维头盔、轻木条制作的斗篷、可能会致命的玻璃紧身胸衣、兽角、皮革、熟石膏和有机玻璃制作的胸铠。

LADY GAGA
CHAMELEON SONGSTRESS
嘎嘎小姐丨百变歌后

嘎嘎小姐以疯狂的时尚装扮出名，她曾将自己打扮成雪人（似人或似熊的巨大长毛动物）、振动着翅膀的甲虫、穿着盔甲的女勇士，她甚至曾穿着生牛肉做的衣服出现在 2010 年的 MTV 音乐录影带大奖活动现场。

ISABELLA BLOW
HAT QUEEN
伊莎贝拉·布罗丨帽子女王

造型师、麦昆的导师，一个非常古怪的人。伊莎贝拉·布罗热爱古怪的时尚，帽子是她的标志性配饰。她曾说过，帽子在对抗情绪低落方面比抗抑郁药物更有效。她是女帽设计大师菲利普·崔西（Philip Treacy）的灵感缪斯，她曾佩戴过帆船形状的雕塑头饰、大龙虾头饰，以及一个遮住了她整张脸的红色的超大圆盘头饰。

HUSSEIN
CHALAYAN
AVANT-GARDE DESIGNER
侯塞因·卡拉扬丨先锋设计师

卡拉扬曾在 20 世纪 90 年代与歌手长期合作，他在 2000 年的时装秀上发布了可穿戴家具时装：让模特走进一件件家具之中，并将家具变成各种款式的服装。也因此一举登上各大媒体头条。

MADONNA
MATERIAL GIRL
麦当娜丨物质女孩

在其几十年的演艺生涯中，麦当娜曾尝试过内衣外穿、橡胶、皮革、各种金属制作的服装，以及带有宗教色彩的服饰。她最具震撼效果的造型是来自与让-保罗·高缇耶合作的带有锥形尖胸装的性感紧身衣，和不穿文胸的、带有性虐待情色捆绑风格的服饰。

CRACK THE CODE 破解着装密码

如今，对男女穿着有特殊规定的活动越来越少。
这反而让大家更加重视特殊场合的着装礼仪。

MEN 男士	DRESS CODES 着装密码	WOMEN 女士
● 白色领结 ● 白色西服背心 ● 燕尾服 ● 可选项：徽章	**WHITE TIE** 白色领结 它代表最正式的着装规范， 必须搭配整套晚礼服， 常常为出席国事活动而准备。	● 晚礼服，通常是及地的 　长度 ● 可选项：头饰、长度及 　肘的手套
● 晨燕尾服 ● 黑色或灰色条纹裤 ● 西服背心 ● 领带 ● 可选项：高顶礼帽	**MORNING DRESS** 晨礼服 也被称为"正式的日间礼服"， 适合穿着它出席下午6点以前举办的 任何正式活动，如参加婚礼或马球会。	● 漂亮的日间礼服，裙摆 　长度通常不超过膝盖 ● 外套 ● 可选项：帽子
● 晨燕尾服 ● 黑色或灰色条纹裤 ● 西服背心 ● 领带 ● 可选项：高顶礼帽	**BLACK TIE** 黑色领结 最近，男士更偏向于选择黑色领带替代领 结，不过，从礼节的角度来看， 这样的选择并不完全正确。	● 漂亮的日间礼服，裙摆 　长度通常不超过膝盖 ● 外套 ● 可选项：帽子
● 日常西服套装	**LOUNGE SUITS** 休闲西装 现在很多男人都不穿晚礼服了， 休闲西装反而成为 现代社交场合的套装规范。	● 时髦的连衣裙
● 西装 ● 领带，不过也 　可以不戴	**COCKTAIL** 鸡尾酒服 对女士来说，一件经典的鸡尾酒礼服 应该是剪裁合身、长度在膝盖以下的， 这也是其他派对礼服的规范。	● 鸡尾酒裙

DRESS CODES IN BUSINESS 商务场合的着装秘诀

CASUAL/DRESS DOWN 休闲装 / 便装

男士：牛仔裤、T 恤、毛衣、运动鞋

女士：牛仔裤、休闲款裙装或连衣裙、T 恤、毛衣

BUSINESS CASUAL 商务休闲

男士：有领子的衬衫、卡其布或者灯芯绒裤子、毛衣、休闲鞋

女士：衬衫或休闲上衣、裙子或裤子、休闲鞋

SMART CASUAL 精致休闲

男士：精致的休闲裤、外套、西装衬衫、合身的毛衣、领带、皮鞋

女士：精致的半裙、连衣裙或裤装，精致的上衣或衬衣，皮鞋或皮靴

SMART 精致优雅

男士：西服套装、衬衫、领带、正装鞋

可选项：背带裤

女士：商务套装或裙装、西服裤装、礼服衬衫、连裤袜、皮鞋

HERE COMES THE BRIDE 新娘驾到

婚纱市场是一个利润丰厚的市场，高级婚纱礼服价格高达上万英镑。几十年来，婚纱和其他衣服一样，也一直受时尚的影响，这也是当你翻开自己"大日子"的照片时，会感到哭笑不得的原因。

反传统风格，长度在脚踝以上，华丽的刺绣连衣裙，配上一顶斗篷帽子或朱丽叶头饰，这与几十年前流行的紧身胸衣搭配层叠繁复的裙装完全不同。它更具流线形的轮廓被巨大的花束掩盖了。

第二次世界大战期间及之后，布料实行了配给制，尽管政府会在婚礼这个特殊的日子给女孩 200 张配给券，婚礼礼服的长度在这一时期依旧变短了。伊丽莎白女王也不得不用配给券来给自己做婚纱，其使用的丝绸来自中国而非日本，婚纱上的 10 000 颗珍珠则来自美国。

1920s

1940s

1840

1930s

1950s

2 月 10 日，维多利亚女王在圣詹姆斯宫的皇室教堂与阿尔伯特王子结婚，开创了新娘穿白色婚纱的先河。在此之前，白色被认为是大胆和"土豪"的象征。女王选择白色蕾丝婚纱并不是因为它的纯洁寓意，而是为了展示她所钟爱的精致蕾丝，同时也是为了拯救蕾丝工坊这一衰落的产业。

大萧条让这个时期的新娘在置装上捉襟见肘，很多新娘选择穿家传的婚纱出嫁。尽管如此，富人阶层还是乐于接受这个时代的潮流魅力。人造纤维如人造丝的出现，替代了原本的婚纱制作材料，使其成本更加低廉，同时它也与这十年来流行的紧身斜裁风格吻合。

露脖子露肩的经典心形低胸紧身衣于 50 年代在婚纱中出现，这类婚纱的腰身纤细，长度在小腿附近，裙子的线条更加简洁优雅，没有过去流行的泡泡袖和撑得蓬蓬的裙摆。

迷你裙、柔和的色彩、大面纱（相对于传统面纱而言）都是 60 年代的时髦选择。时尚偶像奥黛丽·赫本在 1969 年嫁给意大利人安德烈·多蒂时，穿着的是一条粉色的 60 年代风格短款连衣裙，搭配了一条方头巾。

1981 年，戴安娜王妃的婚纱比以往的都华丽。它由象牙色的塔夫绸和布满亮片、珠子和 10 000 颗珍珠的古典蕾丝制成，其裙摆有 25 英尺长，充分展现了"过剩的 80 年代"。1987 年，第一件高级定制婚纱在香奈儿时装秀上亮相，它将婚纱消费推向了新的奢侈高度。

21 世纪的婚纱选择是多种多样的，从复古礼服、白色燕尾服、带亮片镂空礼服，再到 Alexander McQueen 品 牌设计总监莎拉·伯顿（Sarah Burton）为凯特王妃打造的当下最流行的"经典新娘造型"。

1960s

1980s

2000s

1970s

1990s

70 年代的婚纱的风格是比较随意的，吉卜赛褶边裙、露肩紧身衣。新娘的发型大多是飘逸的长发，并配以花冠头饰。那些不太喜欢嬉皮时髦的人，会选择一款高领口、没有太多修饰的直筒连衣裙。

90 年代的关键词是极简主义，经典、优雅的廓形比繁复华丽的"蓬蓬裙"更惹人喜爱。1996 年，卡罗琳·贝塞特（Carolyn Bessette）穿着简单的吊带裙嫁给小约翰·F. 肯尼迪（John F. Kennedy）就是一个很好的例子。

MINI ME 小小的我

孩子，尤其是那些名人的孩子，不再只是名人的后代，而是其父母风格的延伸，这在很大程度上解释了设计师品牌和街头时尚品牌童装的爆炸式发展。无论你身处何种时尚氛围之中——设计师品牌童装、有机环保童装或复古怀旧的老式童装——都有丰富的时尚灵感献给你的"小小的我"。

这两位宝宝是格温·史蒂芬尼（Gwen Stefani）和盖文·罗斯代尔（Gavin Rossdale）的儿子，他们"继承"了父母的摇滚范儿、运动型莫希干发型和不对称的发型。

哈珀·塞文·贝克汉姆（Harper Seven Beckham）是贝克汉姆家族最年轻的成员，从出生起就一直穿顶级设计师设计的服装，她穿过 Burberry、Stella McCartney、Chloé 和 Roksanda Ilincic 等品牌。她会穿着维多利亚打造的高街时尚系列吗？或者她在等着妈妈推出"小小的我"系列时装。

苏瑞是凯蒂·霍尔姆斯（Katie Holmes）和汤姆·克鲁斯（Tom Cruise）的女儿。从出生起，她就和她价值 300 万美元的衣橱紧密联系在了一起。同时，她也备受争议，特别是她这么小的年纪，就使用化妆品和穿高跟鞋（包括 Christian Louboutins 的高跟鞋）。但自从她父母离婚后，她的衣橱里的设计师品牌服装少了很多。

乔治王子是英国王位第三顺位继承人，从他出生起，就因其经典的英式着装风格而备受推崇。这些服装都是凯特王妃为他选择的，包括老式的灯芯绒灯笼裤、短裤和工装裤，以及以自然风格为主题的服装。

KINGSTON & ZUMA ROSSDALE
金斯顿·罗斯代尔与祖玛·罗斯代尔

HARPER BECKHAM
哈珀·贝克汉姆

SURI CRUISE
苏瑞·克鲁斯

PRINCE GEORGE
乔治王子

斯凯勒·伯曼是知名造型师雷切尔·佐伊（Rachel Zoe）的儿子。雷切尔·佐伊承认自己会花与整理自己衣橱一样多的时间帮儿子整理衣橱。斯凯勒常常穿着各种牛仔服饰，搭配其标志性的帽子，有一种前卫时尚的感觉。

杰西卡·阿尔芭（Jessica Alba）不会为女儿们买设计师服装，她更倾向给她们穿家人手工做的衣服或一些二手古着，这会让她们更加时髦。

《欲望都市》（Sex and the City）的主演莎拉·杰西卡·帕克（Sarah Jessica Parker）的双胞胎女儿总是穿着考究，虽然她还没给她们穿Manolos的高跟鞋（《欲望都市》的女主角最喜欢的鞋子品牌）。她喜欢给女儿们穿长度及地、色彩丰富的裙子。

SKYLER BERMAN
斯凯勒·伯曼

HONOR & HAVEN WARREN
奥娜·沃伦与
海雯·沃伦

MARION & TABITHA BRODERICK
玛丽昂·布罗德里克与
搭比莎·布罗德里克

碧昂丝和JAY-Z的女儿布露·艾薇·卡特认为用一条价值2 000美元的Gucci连衣裙搭配牛仔夹克完全是小意思。她陪妈妈碧昂丝参加MTV颁奖礼时穿的Mischka Aoki连衣裙价格高达1.1万美元（这并不包含她当天佩戴的头饰的价格）。

莉拉·摩斯于2016年和母亲凯特·摩斯一起首次登上意大利版Vogue青年版。这并不让人意外，她继承了其母亲的街头时尚感。

诺丝·维斯特·卡戴珊的时尚感非常符合金·卡戴珊的时尚品位，经常穿着吊带连衣裙、皮草外套、UGG的鞋子和她老爸坎耶的品牌Yeezy的运动鞋和T恤衫，提着Louis Vuitton的包。2017年2月，坎耶和卡戴珊宣布他们即将推出儿童服装系列。

BLUE IVY CARTER
布露·艾薇·卡特

LILA MOSS
莉拉·摩斯

NORTH WEST KARDASHIAN
诺丝·维斯特·卡戴珊

Chapter 3
第 3 章

时尚产业
THE FASHION INDUSTRY

时尚产业是一个全球性产业，从极具吸引力的时装周头排、高级定制时装和半定制时装，到快速将当季设计贩售到世界各地的高街品牌零售商。本章将深入讲述该行业的运作和影响，包括流行文化、时尚杂志和广告，也包括传奇时尚编辑、超级模特、时尚缪斯和摄影师在内的时尚行业主要从业者。同时，本章也将关注我们最近的购物方式和了解时尚资讯方式的变化，包括时尚风格资讯网站和购物网站、时尚博主的出现和崛起，以及他们如何改变了时尚行业的格局。

时尚周期
THE FASHION YEAR

在快时尚产业和时装秀现场直播高度发达的时代，一场时装秀结束两周后，顾客就能在商业街的商店里看到一件"山寨版"的秀场服饰。设计师面临的一个问题是，他们会在时装上市前六个月根据时装周的运作惯例发布自己的服装设计，这意味着"山寨版"服装往往早于"正牌"服装上市。我们现在处在一个全时区、全季节型的社会，衣服不再被简单地归类于春夏系列和秋冬系列。"早秋"系列和越来越重要的"度假"系列更具多样性，后者的目标群体曾是富裕阶层中喜欢享受冬季阳光的消费者，但现在的状况是，这类季节性较低的服装比品牌当季主打系列服装待在商店货架上的时间更长。

鉴于以上这些因素，我们会很快看到传统的春夏、秋冬时装季节的终结吗？

NOVEMBER/DECEMBER 十一月/十二月

JANUARY 一月

SEPTEMBER 九月

FEBRUARY 二月

AUGUST 八月

MARCH/APRIL 三月/四月

JULY 七月

MAY/JUNE 五月/六月

度假系列开始上市，传统上以比基尼和卡夫坦长袍为主，现在增加了一些中等厚度的日常便装，其实穿性很强，可以连续穿好几季。

针对来年的流行趋势的春夏时装秀会在 9 月举行。秋冬时装陆续抵达品牌门店。早秋系列作为春夏和秋冬系列的衔接产品线，依然会持续销售。

巴黎秋冬高定时装周的举办时间要早于成衣时装周。为客户量身打造的服装需要 4～5 个月的时间才能完工。

春夏系列产品开始陆续在商店上架。秋冬时装周会让大家提前看到每年 9 月份会上市的产品。

8 月通常是时尚行业最死气沉沉的一个月，打折季已经结束，但秋冬主线系列还未上市，顾客也很少在这个时段大量选购秋季商品。货架上挂着的仍然是早秋系列。

巴黎春夏高定时装周都会在每年 7 月如期举行。它发布的是明年春夏将要推出的时装。

春夏系列产品全面上市。早期系列时装秀会在时装周日程安排之外，在某个特定的地点举行，或者在设计师的陈列间里进行展示。

早秋系列开始上市，让顾客率先"闻到"新一季服饰的时尚气息。大部分春夏系列会在 6 月中旬开始打折。

63

PARIS
巴黎

4 巴黎是每年举办两次的"四大时装周"的最后一站，其中高定时装周始于 1945 年，成衣时装周始于 1973 年，高定时装周和成衣时装周是两个独立的运营体系。

2 伦敦时装周于 1984 年开始举办，它是"四大时装周"的第二站。伦敦也是第一个明确提出"时装周"概念的城市。

LONDON
伦敦

34

23

5 33 6
37 12,14 27
7 25

40 41 9 14

11

35

MILAN
米兰

3 米兰是"四大时装周"的第三站，它于 1958 年起组织季节性时装秀活动。

20

17

15

18

28

16

22

5 Curve' plus size 时装节，英国曼彻斯特
6-13 梅赛德斯奔驰时装周
  6 俄罗斯
  7 柏林
  8 墨西哥
  9 伊斯坦布尔
  10 澳大利亚
  11 中国
  12 阿姆斯特丹
  13 第比利斯，格鲁吉亚
14 荷兰环保时装周
15 非洲时装周，尼日利亚
16 斯瓦希里时装周，坦桑尼亚
17 达喀尔时装周，塞内加尔
18 中非亚的斯时装周，亚的斯亚贝巴

19 突尼斯时装周
20 阿拉伯时装周，迪拜
21 布宜诺斯艾利斯时装周
22 新加坡时装周
23 斯德哥尔摩时装周
24 洛杉矶时装周
25 MQ 维也纳时装周
26 斐济时装周
27 白俄罗斯时装周
28 巴西时装周
29 温哥华时装周
30 黑色时装周，加拿大蒙特利尔
31 香港时装周
32 上海时装周
33 哥本哈根时装周

1 纽约是"四大时装周"的第一站。从 1943 年开始，品牌时装屋就在纽约周期性举办时装秀。

NEW YORK 纽约

THE WORLD'S A STAGE 一个全球化舞台

向客户进行时装展示始于 1858 年的巴黎，当时的沃思百货公司开始向潜在客户展示其高级时装系列，并在展示中使用了模特。到 20 世纪初，纽约的高端百货公司也开始效仿。20 世纪 40 年代，纽约和巴黎的一系列时装秀按季节进行了划分，1958 年米兰也紧随其后开始举办时装周，而伦敦则是在 1984 年才正式举办自己的时装周。今天，许多城市都以拥有自己的时装周为荣，这证实了时尚是一件真正的全球性活动。

珍妮丝·狄金森（Janice Dickinson）声称其在 1979 年创造了"超级模特"（super-model）一词，但实际上美国时尚记者朱迪斯·卡斯（Judith Cass）在 1942 年曾在报道中使用了标题"超级模特被用于时装秀"（Super models are used for fashion shows）。20 世纪 60 年代，"super model"一词也被用在了时尚偶像崔姬（Twiggy）身上。然而，真正的超模时代是指 20 世纪 80 年代末和 90 年代，当时某个模特的"每天没有 1 万美元，就不会起床"的言论让"超模"声名远扬，激发了数百万人的想象力。1990 年英国版 *Vogue* 一月刊邀请彼得·林德伯格（Peter Lindbergh）拍摄了 5 位超级模特 —— 辛迪·克劳馥（Cindy Crawford）、娜奥米·坎贝尔（Naomi Campbell）、琳达·伊万格丽斯塔（Linda Evangelista）、克莉丝蒂·杜灵顿（Christy Turlington）和塔加纳·帕提兹（Tatjana Patitz）——从而开启了"超模"的时代。

EVOLUTION OF THE SUPERMODEL
超模的进化史

1930s-1950s

第一位超模是瑞典出生的丽莎·丰萨格里夫斯（Lisa Fonssagrives），她曾是一位训练有素的舞蹈演员，在 20 世纪 30 年代、40 年代和 50 年代为 *Vogue* 拍摄了 200 多张杂志封面，她曾与乔治·霍因根·胡恩（George Hoyningen Huene）、曼·雷（Man Ray）、霍斯特（Horst）、乔治·普拉特·林斯（George Platt Lynes）、欧文·佩恩（Irving Penn，后来成了她的丈夫）和理查德·阿维德（Richard Avedon）等摄影师合作。

1950s

美国出生的贵族多维玛（Dovima）是 20 世纪 50 年代报酬最高的模特，1955 年理查德·阿维顿为 *Harper's Bazaar* 杂志拍摄过她和大象在一起的时尚大片。与此同时，露华浓化妆品牌代言人苏西·帕克（Suzy Parker）是第一位年收入超过 10 万美元的模特，她也是奥黛丽·赫本在 1957 年电影《甜姐儿》中扮演的角色的灵感来源。

1960s

1970s

1980s-1990s

2000s

简·诗琳普顿（Jean Shrimpton）也被叫作"The Shrimp"，是第一个以"超级苗条"（超瘦）而知名的模特，尽管崔姬是20世纪60年代最著名的超级苗条模特。与此同时，维鲁什卡（Veruschka），一位俄罗斯伯爵的女儿，是第一个以自己的名（first name）出名的模特。

20世纪70年代，几个标志性的模特诞生了，包括长腿的得克萨斯金发美女杰瑞·霍尔（Jerry Hall），她是在圣特罗佩斯的海滩上晒日光浴时被星探发现的；日裔美国人玛丽·海尔文（Marie Helvin）在其62岁"高龄"最后一次为内衣拍摄广告照片，并因此而闻名；典型的美国模特谢丽尔·蒂格斯（Cheryl Tiegs）；从花花公子兔女郎变为模特的劳伦·赫顿（Lauren Hutton）。此外，还有身材匀称的索马里模特伊曼（Iman），她也是第一个黑人超模。

超模界的五巨头时代：辛迪·克劳馥、娜奥米·坎贝尔、琳达·伊万格丽斯塔、克莉丝蒂·杜灵顿和塔加纳·帕提兹。前四位模特曾在1991年为Versace高定秀开场，这也成为超模的决定性时刻。这个时代的其他"大人物"还包括艾尔·麦克珀森（Elle 'The Body' Macpherson, The body是她的绰号）、克劳迪娅·希弗（Claudia Schiffer）和凯特·摩斯，她们更前卫的样子标志着超模新时代的到来。

2000年以来，人们对超模的崇拜日渐消退，除了吉赛尔·邦辰（Gisele Bündchen）算是无可争议的超模之外，就算是与她"江湖地位"非常接近的纳塔利·沃佳诺娃（Natalia Vodianova）和卡拉·迪瓦伊（Cara Delevingne）的超模地位也备受争议。今天，我们看到了吉吉·哈迪德（Gigi Hadid）和肯达尔·詹娜（Kendall Jenner）等模特的崛起，她们通过辛勤的工作吸引了数百万社交媒体追随者，登上了模特行业的顶峰。

A LIFE IN STYLE
KATE MOSS 凯特·摩斯的时尚风格

凯特·摩斯是最酷的女孩，也是"最不按规矩出牌"的时尚偶像。
然而之前她被认为是不太可能出现在时尚界的那类人。身高
5 英尺 7 英寸（约 170 厘米），身材瘦削的凯特·摩斯的第一张
时尚大片是 1990 年为 *the Face* 杂志拍摄的。当时的超模界流行的是
辛迪·克劳馥那种运动健美型身材。科林·戴（Corinne Day）在
肯特郡的坎伯沙滩拍摄了一张照片，照片中的模特抽着烟，
裸着上半身；照片中的原始、直接的感觉与当时光鲜亮丽的时尚照片
形成了鲜明的对比。不久之后，她成为 Calvin Klein 指定的代言人，
正如人们所说的那样，这一切都将被历史所铭记。

自由精神 FREE SPIRIT

凯特·摩斯酷爱波西米亚风格，穿着大印花连衣裙、吉卜赛束腰外衣，有时甚至赤脚。然而，她足够时髦大胆，她可以把各种风格的服饰混搭起来，甚至不怕将飘逸的印花与尖刺后跟的黑色皮靴搭配在一起。凯特·摩斯是一个摇滚乐迷和派对女孩，穿着短裤和惠灵顿靴子完全沉迷在音乐节的氛围之中。

为高街时尚设计
DESIGN FOR THE HIGH STREET

在过去，凯特·摩斯从来不是一个会在高街品牌店购物的人，即使在她还是一个十几岁的孩子，买不起设计师品牌服饰的时候，她也更喜欢买一些二手古着。但她的这个习惯在 2008 年发生了巨大改变，她与 Topshop 合作了众多备受市场追捧的时装系列。她用多年"耳濡目染"的设计师品牌剪裁和造型的经验，创造了我们大家都买得起的时尚系列。作为模特，她也代言了众多高街品牌。她最近一次为高街品牌站台，是在波兰为 Topshop 时装店作宣传。

魅力四射的摇滚范 GLAM ROCK ①

凯特·摩斯一直是一名皮草爱好者，她会用毛茸茸的皮草夹克和外套，搭配各种服装，从紧身破牛仔裤到迷人的及地晚礼服，无所不包。她最爱的晚礼服是金色的长款连衣裙，常常是复古款式，由其密友马克·雅可布（Marc Jacobs）设计。

复古范 VINTAGE ②

凯特·摩斯一直喜欢复古时尚，比如她从洛杉矶古着商店 Lily et Cie 买的这件柠檬黄裙子，2003 年她穿着它参加了一个派对。这款连衣裙是 2014 年 Topshop 模特系列服饰中最受欢迎的一款设计的灵感来源。

西装搭配紧身牛仔裤
BLAZER AND SKINNY JEANS ③

凯特·摩斯在西装和卷起的紧身牛仔裤的搭配中完美地展现了日常时髦便装风格，经常内搭一件个性 T 恤，并总是配上一副太阳镜。

A BEAUTIFUL WORLD 美的世界地图

时尚界仍在与多样性作斗争，人们经常批评时尚对美的定义过于狭隘。今天，"盛产"名模的国家依旧是人们传统上认为的那几个重要国家 —— 美国、巴西、俄罗斯、英国和荷兰 —— 但如果从模特数量与国家人口的对比数据来看，情况会略有变化（尽管排名靠前的国家有所不同，但依旧是以欧美国家为主）。幸运的是，越来越多来自世界各地的模特在时尚行业取得成功，并登上"四大时装周"的秀场，时尚广告活动也因此变得越来越种族多元化。

Nations producing the most models
"盛产"模特最多的国家

1 美国
2 巴西
3 俄罗斯
4 英国
5 荷兰
6 加拿大
7 德国
8 波兰
9 澳大利亚
10 法国

Top ten model-producing nations per capita
模特人数与本国人口数量比值最高的10个国家

1 爱沙尼亚
2 冰岛
3 立陶宛
4 丹麦
5 拉脱维亚
6 瑞典
7 荷兰
8 斯洛伐克
9 挪威
10 捷克共和国

NORTH AMERICA
北美名模

加拿大：琳达·伊万格丽斯塔
美国：吉吉·哈迪德，贝拉·哈迪德（Bella Hadid），辛迪·克劳馥，瑞莉·霍尔，肯达尔·詹娜，卡莉·克劳斯（Karlie Kloss），凯特·阿普顿（Kate Upton），阿什丽·格雷厄姆（Ashley Graham），娜塔莉·韦斯特林（Natalie Westling）

SOUTH AMERICA
南美名模

阿根廷：迈卡·阿加那拉兹（Mica Agarñaraz）
巴西：吉赛尔·邦辰，阿德里亚娜·利马（Adriana Lima），亚历山德拉·安布罗西奥

EUROPE
欧洲名模

丹麦：海莲娜·克莉丝汀森（Helena Christensen）

爱沙尼亚：卡门·卡斯（Carmen Kass），卡门·佩达鲁（Karmen Pedaru），伊丽莎白·艾尔姆（Elisabeth Erm）

法国：伊娜·德拉弗拉桑热（Inès de la Fressange），蕾蒂莎·科斯塔（Laetitia Casta），康士坦茨·雅布伦斯基（Constance Jablonski）

德国：克劳迪娅·希弗（Claudia Schiffer），塔加娜·帕提兹（Tatjana Patitz），海蒂·克鲁姆（Heidi Klum）

意大利：卡拉·布吕尼（Carla Bruni），贝内德塔·巴兹尼（Benedetta Barzini），伊莎贝拉·罗西里尼（Isabella Rossellini），维多利亚·切雷蒂（Vittoria Ceretti）

拉脱维亚：金塔·拉皮娜（Ginta Lapina）

立陶宛：艾迪塔·维尔珂薇楚泰（Edita Vilkevičiūtė），斯维特拉娜·拉扎列娃（Svetlana Lazareva）

马提尼克：卡利·洛伊斯（Karly Loyce）

荷兰：杜晨·科洛斯（Doutzen Kroes），劳拉·斯通（Lara Stone），嘉云·慕达（Karen Mulder），琪琪·威勒姆（Kiki Willems），伊玛安·哈曼（Imaan Hammam），里安·范·索佩（Rianne van Rompaey）

俄罗斯：纳塔利·沃佳诺娃（Natalia Vodianova），伊莉娜·莎伊克（Irina Shayk），瓦莱里·考夫曼（Valery Kaufman）

斯洛伐克：琳达·诺瓦尔托娃（Linda Nývltová），米谢拉·科夏诺娃（Michaela Kocianova）

西班牙：尤金妮娅·席尔瓦（Eugenia Silva），克拉拉·阿隆索（Clara Alonso）

瑞典：艾琳·诺德格林（Elin Nordegren），艾尔莎·霍斯卡（Elsa Hosk）

乌克兰：米拉·乔沃维奇（Milla Jovovich），达莉亚·沃波依（Daria Werbowy）

英国：凯特·摩斯，娜奥米·坎贝尔，卡拉·迪瓦伊（Cara Delevingne），罗茜·汉丁顿-惠特莉（Rosie Huntington-Whiteley），卓丹·邓（Jourdan Dunn），崔姬，凯伦·艾臣（Karen Elson），尼拉姆·吉尔（Neelam Gill），露丝·贝尔（Ruth Bell）

ASIA
亚洲

中国：刘雯，李静雯

印度：布米卡·阿罗拉（Bhumika Arora），波亚·莫尔（Pooja Mor）

以色列：芭儿·莱法利（Bar Refaeli）

AFRICA
非洲名模

安哥拉：玛利亚·博格斯（Maria Borges）

索马里：伊曼

南非：坎蒂丝·斯瓦内普尔

南苏丹：艾莉克·慧克（Alek Wek）

AUSTRALASIA
大洋洲

澳大利亚：埃勒·麦克弗森（Elle Macpherson），米兰达·可儿（Miranda Kerr）

新西兰：凯丽·巴克斯（Kylie Bax），斯特拉·麦克斯韦（Stella Maxwell）

2
9 6
1
4 5 7 4 3 5
8 10 8
7
10

3

3

9

秀场头排
FASHION FRONT ROW

时装秀场的座位安排和展示时装系列本身同样重要。
时装设计师的公关人员的工作，就是决定谁应该坐在秀场头排 ——
在顶级时尚编辑、名流和重要的时尚买家之间做好选择与平衡。

她是名模、电视节目主持人、
为 *Vogue* 杂志供稿的时尚编辑、
全能型时尚偶像，是最常被拍到
坐在秀场头排的女性之一。

他是美国版 *Vogue* 资深编辑、
特约时装评论家，
常常穿着华服
坐在秀场头排。

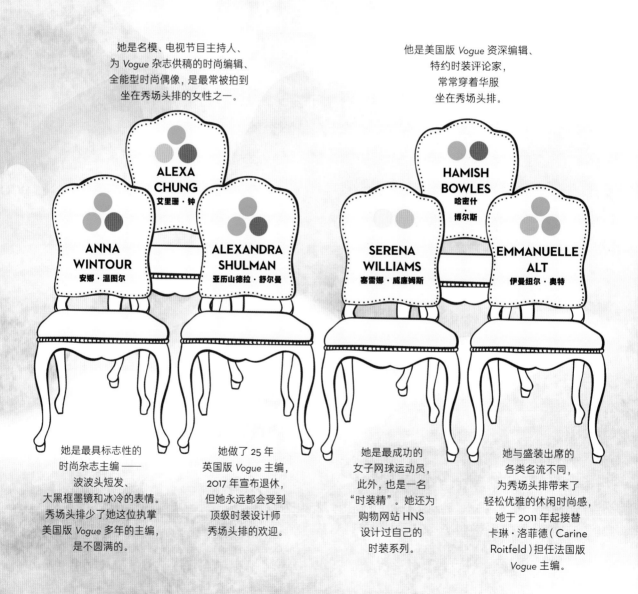

ALEXA
CHUNG
艾里珊·钟

ANNA
WINTOUR
安娜·温图尔

ALEXANDRA
SHULMAN
亚历山德拉·舒尔曼

HAMISH
BOWLES
哈密什·
博尔斯

SERENA
WILLIAMS
塞雷娜·威廉姆斯

EMMANUELLE
ALT
伊曼纽尔·奥特

她是最具标志性的
时尚杂志主编 ——
波波头短发、
大黑框墨镜和冰冷的表情。
秀场头排少了她这位执掌
美国版 *Vogue* 多年的主编，
是不圆满的。

她做了 25 年
英国版 *Vogue* 主编，
2017 年宣布退休，
但她永远都会受到
顶级时装设计师
秀场头排的欢迎。

她是最成功的
女子网球运动员，
此外，也是一名
"时装精"。她还为
购物网站 HNS
设计过自己的
时装系列。

她与盛装出席的
各类名流不同，
为秀场头排带来了
轻松优雅的休闲时尚感，
她于 2011 年起接替
卡琳·洛菲德（Carine
Roitfeld）担任法国版
Vogue 主编。

GRAPHIC KEY

她是社交名媛、女演员，
经常在各地的时装秀上被拍到，
她的个人着装和造型
从未出错过。

她是演员、模特和时装设计师，
也是时尚秀场头排的常客，
她的出席常常让一场时装秀
备受瞩目，并能带动
该品牌的销售业绩。

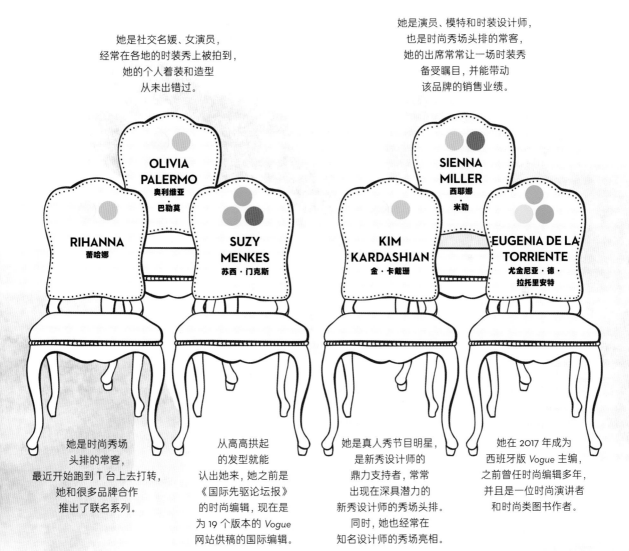

OLIVIA PALERMO
奥利维亚
·
巴勒莫

RIHANNA
蕾哈娜

SUZY MENKES
苏西·门克斯

SIENNA MILLER
西耶娜
·
米勒

KIM KARDASHIAN
金·卡戴珊

EUGENIA DE LA TORRIENTE
尤金尼亚·德·
拉托里安特

她是时尚秀场
头排的常客，
最近开始跑到 T 台上去打转，
她和很多品牌合作
推出了联名系列。

从高高拱起
的发型就能
认出她来，她之前是
《国际先驱论坛报》
的时尚编辑，现在是
为 19 个版本的 *Vogue*
网站供稿的国际编辑。

她是真人秀节目明星，
是新秀设计师的
鼎力支持者，常常
出现在深具潜力的
新秀设计师的秀场头排。
同时，她也经常在
知名设计师的秀场亮相。

她在 2017 年成为
西班牙版 *Vogue* 主编，
之前曾任时尚编辑多年，
并且是一位时尚演讲者
和时尚类图书作者。

美丽线条

THE LINE
OF BEAUTY

时装秀不仅展示了最新的时尚服饰，美容潮流也从那里开始，化妆师是时装秀成功的重要组成部分。知名化妆师帕特·麦克格拉斯（Pat McGrath）、夏洛特·蒂尔伯里（Charlotte Tilbury）和汤姆·派彻（Tom Pecheux）等，会收取巨额的费用，并拥有自己的化妆品系列，但也有许多职业化妆师来自化妆品品牌团队，在首席化妆师的指导下工作。2016 年的伦敦春夏时装周期间，MAC 化妆品公司有 484 名化妆师在后台工作，他们花费了 12 000 多小时为 5 400 多位模特化妆。

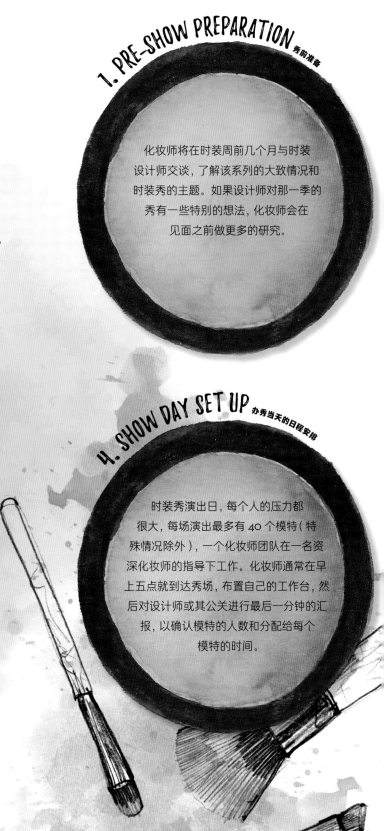

1. PRE-SHOW PREPARATION 秀前准备

化妆师将在时装周前几个月与时装设计师交谈，了解该系列的大致情况和时装秀的主题。如果设计师对那一季的秀有一些特别的想法，化妆师会在见面之前做更多的研究。

4. SHOW DAY SET UP 办秀当天的日程安排

时装秀演出日，每个人的压力都很大，每场演出最多有 40 个模特（特殊情况除外），一个化妆师团队在一名资深化妆师的指导下工作。化妆师通常在早上五点就到达秀场，布置自己的工作台，然后对设计师或其公关进行最后一分钟的汇报，以确认模特的人数和分配给每个模特的时间。

2. MAKE-UP TEST 试妆

时装秀前几天，有时甚至是
时装秀前一天，化妆师将与设计师和
造型师会面，一起看看布样或实际作品，
以及任何与灵感和美有关的参考。
他们将在模特身上（包括面部）
测试各种造型。

3. MAKE-UP KIT 化妆包

化妆师的全套装备是庞大的，所以
大多数人都会把它缩小到仅适用于
秀场使用的范围。化妆师会为不同的
时装秀专门定制化妆包，将它们都放入
一个特定的化妆盒里，这样粉末就不会
变成灰尘，粉底也不会渗漏，
这本身就是一种艺术形式。

5. PRE-SHOW PRESSURE 秀前压力

化妆师在团队其他人到来时，
要做的第一件事就是演示模特的造
型；此外，能够有效地监督化妆团队是
至关重要的。更正错误的时间很短，因为
给化妆师的时间有时只有三分钟，而完成
整体造型的时间不超过三十分钟。顶级
超模们有时只在她们走秀前
五分钟到达。

6. A DAY BACKSTAGE 后台中的一天

除了给大名鼎鼎的模特们化妆
和检查他们团队的工作，化妆师们还
须尽量躲开摄影师的镜头，他们一边给模
特化妆，摄影师会一边用镜头捕捉模特的造
型。同时，他们还要接受美妆记者和时尚博主
的采访。如果遇到设计师在最后一刻要求改
变造型，年轻的助理化妆师犯错，以及模特
迟到，化妆师都需要保持冷静，
这都是工作的一部分。

永恒的时装
TOUJOURS COUTURE

高级定制时装通常是没有固定的价格标签的。
耗费大量的时间、金钱和高超的工艺
来制作一件仅仅穿着一次的高级定制礼服，
意味着需要花费数万甚至数十万英镑。

高级定制时装的字面意思是：高级制衣。那些有幸成为高定时装客户的人，会收到无比精美的产品，它代表了时尚行业其他地方无法企及的工艺水平。一间时装屋要想获得制作高定时装的资格，必须符合法国高级定制时装协会和巴黎时装工会联合会制定的标准，遵循一系列特定的规则，例如，为每个客户量身定制，并提供多次试穿样衣的服务，并雇用一定数量的具有专业制衣技术的人员。时装屋还须在每年的 1 月和 7 月发布独一无二的时装系列，每个系列的服装不少于 50 套。

要想受邀参加高级定制时装秀并不容易。新客户需要得到造型师或设计师的推荐，或得到老客户的引荐，时装屋会仔细审查客户的社会地位和名誉是否与其品牌相匹配，并且会严格审查其财务状况。一位客户穿着一间时装屋的高级定制时装，就代表了这间时装屋的品牌形象，她的行为需要和品牌形象保持一致。如果你看到一件你喜欢的衣服，下一步就是到时装屋的沙龙里预约讨论一下你需要的独特款式。之后需要 5 次左右的假缝*，并经过多达 150 次测量，以获得客户身体各部位的精确尺寸。时装屋会为其忠实客户制作和保存一个与客户本人尺寸完全一致的人台*。定制一条裤子或一件日装的价格是 10 000 英镑或更高，而定制一件精致的晚礼服则需要约 150 000 英镑。

考虑到这些服装的惊人价格，它们多数是为一些特别重要的场合如奥斯卡颁奖礼所准备的。2016 年，20 位最佳男演员和女演员提名者的着装价值共计约 570 000 英镑。令人惊讶的是，尽管高级定制时装的价格如此昂贵，但大多数高级定制时装业务依旧是亏钱的。但是，从市场营销的角度来看，向全世界展示最优秀的设计师、具有最高超技能的裁缝师和最高工艺水平的机会是无价的。

---

* fitting，客户选好高定款式，用白色布料根据客户具体情况复制设计款式，经过多次调试和修改之后，再用高级面料正式进行制作，并再次调试和修改。——译者注
*服装设计用的人体模型。——译者注

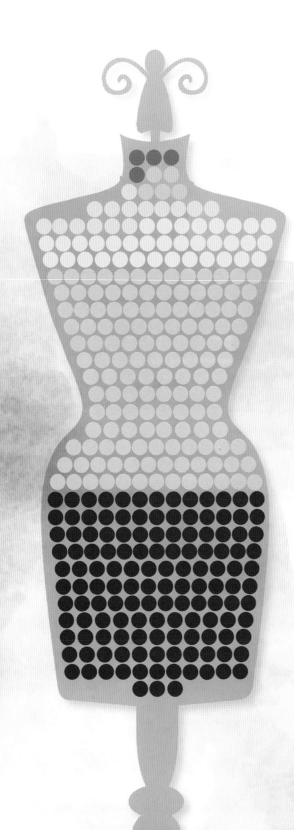

HAUTE COUTURE
BY NUMBERS
关于高定时装的数据信息

4
4 个月，定制一件
高定时装所需
的时间。

5
5 次假缝，
在一件高定时装的制作过程中
需要 5 次假缝。

20
20 个裁缝，
工作室需雇用的裁缝人数
不低于 20 个。

50
50 套，
一场高定时装秀的
时装数量不低于 50 套。

150
150 小时，
将 50 000 颗施华洛世奇水晶
缝制到一条高级定制连衣裙上
的时间。

150
150 次测量，
为确保衣服尺寸正确
而进行的测量次数。

从T台到高街零售店
CATWALK TO HIGH STREET

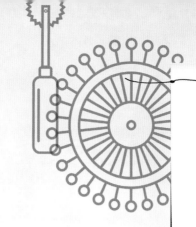

在时装秀直播上线之前，当模特们昂首阔步
走上 T 台的时候，秀场照片就出现在社交媒体上了。
高街品牌零售商是被禁止进入高级时装秀场的，但他
们会想办法搞到时装秀展示的服装的细节照片，以便
可以将它们仿制并推向大众市场。今天，
快时尚品牌店能让消费者在时装秀结束几周后
就能在店里买到"秀款"仿制品。

MANUFACTURE
制造

采购或印刷面料，并将其生
产成成衣通常需要 8 ~ 10
周，但高街零售商 Zara 的模
式是在欧洲拥有自己的设计
师团队和生产团队，这意味
着服装只需 2 ~ 4 周就能生
产出来。备货对于快时尚品
牌店来说非常简单，它们每
周都会上新货。讽刺的是，
一个真正的设计师品牌却无
法在时装秀结束 6 个月之内，
将其发布的时装上架到店
里。

DESIGNER
CATWALK SHOW
时装设计师秀场

尽管一些设计师，如汤姆·福特，
采取了不对公众开放的办秀方式
以避免设计外流和被模仿，但其独
特的设计形象（造型）依旧容易被
人获取。零售商们的图案切割机
随时待命，随时可以复制出一款标
志性造型。他们还会着眼于整个
时尚界的色彩和廓形流行变化，分
析诸位设计师会在下一季制造什
么样的流行趋势。

SIMPLIFYING
THE DESIGN
简化设计

作为高街零售商，其设计要比高
级时装品牌更简洁，不能直接复
制，廓形会做些细微的调整，色彩
会做微妙的修改，设计细节也会有
所变化。如果被设计师起诉抄袭，
对高街零售商来说损失是巨大的。
2017 年，Topshop 因 抄 袭 Chloé
的一条黄色迷你裙而遭到起诉，不
得不支付 12 000 英镑的赔偿金。

SALES
销售

Zara 还开创了一种现在被广泛复制的生产模式,即每件单品的生产量较少,但设计款式数量较多。这不仅使商品令人垂涎,而且解决了库存过剩的问题。整个时尚周期的高速运转使这种模式成为可能。如果需求量大,可以生产更多的产品;如果不大,新的设计可以迅速取代旧的设计。

PREVENTING
COPYCAT DESIGNS
防止设计被抄袭

众所周知,在时尚领域维护版权很难,但申请设计专利是一些产品(比如鞋子)防止被抄袭的解决方案。耐克和阿迪达斯对其所有设计都拥有专利权。一些设计师手袋也申请了专利,特别是针对一些可识别的款式细节。申请专利成本高且耗时长,与之相比申请注册商标可能是一个更好的选择,因为品牌标志是无法被抄袭的。

COST
成本

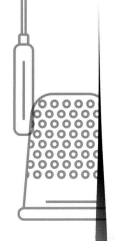

对时尚爱好者来说,最大的吸引力是仿制时装的价格,最多花几十英镑就能买到相似设计的商品,而如果买真正的设计师品牌商品则需要花几千英镑。Topshop 版的 Chloé 连衣裙只要 35 英镑,而正品需要 185 英镑。2006 年,Marks &Spencer 一款仅仅是在原作的设计上去掉了珠宝搭扣的丝绸晚装包的售价为 9.5 英镑,而被它抄袭的 Jimmy Choo 的 Cosmo 包的价格是 495 英镑。

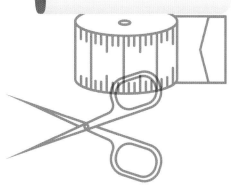

最具魅力的女性
THE GREAT BEAUTIES

很少有哪个行业像时尚行业一样彼此联系紧密。
时尚的终极目标就是造就时尚缪斯 —— 她既是
设计师创造性灵感的来源，也是他们风格的体现。

图表关键词：
GRAPHIC KEY
缪斯
其他关系
既是缪斯又是密友
或其他关系

KARL LAGERFELD
卡尔·拉格斐
其设计受到许多
时尚女性的启发，
包括黛安·克鲁格和
金·卡戴珊。

INES DE LA FRESSANGE
伊娜·德拉弗拉桑热
在戏剧化风格大放异彩之前，
她在 20 世纪 80 年代是
拉格斐的缪斯女神。

LADY AMANDA HARLECH
阿曼达·哈莱克夫人
她和加利亚诺于 1984 年相识，
不仅成为他的"缪斯"也成了他的
密友。同时，她也带给
卡尔·拉格斐诺多
时尚灵感。

JOHN GALLIANO
约翰·加利亚诺
于 1995 年至 1996 年执掌
Givenchy，之后去了 Dior，
他现在是 Martin Margiela
创意总监。

KATE MOSS
凯特·摩斯
2011 年，她选择了加利亚诺
为她设计婚纱。她是
娜奥米·坎贝尔最好的朋友。

MARC JACOBS
马克·雅各布
既把凯特·摩斯当作灵感缪斯，
也把她和娜奥米·坎贝尔
当作密友。

NAOMI CAMPBELL
娜奥米·坎贝尔
作为 20 世纪 90 年代的超模，
她于 2017 年 Versace 的
米兰时装秀上与
其他超模再次相聚。

GRACE JONES
格雷斯·琼斯
在 1985 年 007 电影系列之
《雷霆杀机》中，穿着了
突尼斯设计师阿瑟丁·阿拉亚
设计的服装。

AZZEDINE ALAÏA
阿瑟丁·阿拉亚
格雷斯·琼斯和后来的
娜奥米·坎贝尔都是
他的灵感源泉。

JEAN-PAUL GAULTIER
让－保罗·高缇耶
他于 1990 年为麦当娜的
《金发女郎的野心》巡回演唱会
设计了"尖胸装"。

DITA VON TEESE
蒂塔·万提斯
她和密友克里斯提·鲁布托
一起合作了一个内衣系列。

MADONNA
麦当娜
她曾做过高缇耶的模特，
也曾穿着鲁布托高跟鞋
拍摄音乐录音带。

CHRISTIAN LOUBOUTIN
克里斯提·鲁布托
他为他的缪斯*的戏剧表演
设计定制了高跟鞋。

＊这里指的应该是
蒂塔·万提斯。

YVES ST LAURENT
伊夫·圣·洛朗
他的同名品牌 Yves Saint laurent
因使用了"红底鞋"设计，
于 2012 年被克里斯提·鲁布托
告上法庭。

DONATELLA VERSACE
多娜泰拉·范思哲
与她的缪斯兼好友
LADY GAGA 惊人地相似。

LADY GAGA
嘎嘎小姐
她和麦当娜之间"亦敌亦友"
的关系人尽皆知，她和多娜泰
拉·范思哲的长相惊人地相似。

LOULOU DE LA FALAISE
露露·德·拉法莱斯
她认为，灵感缪斯
无法概括她为 Yves Saint laurent
品牌所做的贡献。

HUBERT de GIVENCHY
于贝尔·德·纪梵希
他为赫本设计了
多款经典连衣裙，
和她也是一生的挚友。

ALEXANDER MCQUEEN
亚历山大·麦昆
这位人脉很好的设计师
曾于 1996 年至 2001 年在
Givenchy 工作。

ISABELLA BLOW
伊莎贝拉·布罗
经常佩戴崔西*设计的帽子，甚至曾
将一艘西班牙帆船模型顶在头上。

＊这里指菲利普·崔西，
知名帽子设计师。

AUDREY HEPBURN
奥黛丽·赫本
她在《龙凤配》中第一次穿着
Givenchy 的服装。

ANNABELLE NEILSON
安娜贝尔·尼尔森
这位社交名媛是由造型师
伊莎贝拉·布罗
介绍给麦昆的。

PHILIP TREACY
菲利普·崔西
他被伊莎贝拉·布罗介绍给
亚历山大·麦昆，此后两人
保持了长期的合作关系。

RICHARD AVEDON
理查德·阿维顿

在阿维顿漫长的职业生涯中，他拍摄了
20 世纪最具标志性的面孔，并改变了
时尚摄影，用允许模特展示个性的肖像
摄影取代了美丽但无表情的静物摄影。
这些充满了表情的、文弱性和趣味性的
图像向观众讲述了一切。阿维顿
最著名的一张照片是 1955 年拍摄的
《多维玛与大象》(Dovima with elephants，
又被译作《与大象共舞》)，这张照片
描绘了一个穿着晚礼服的模特，
身边是马戏团的大象。

镜头的背后
BEHIND
THE LENS

NICK KNIGHT
尼克·奈特

尼克·奈特在与
设计师的合作中为时尚
摄影带来了大胆的
创造力，其中包括
约翰·加利亚诺和
亚历山大·麦昆。
他通过先进的技术实验，
让图片充满光、色彩和运感，
这些光、色彩和运感元素与
设计元素相结合，通常为观众带来
震撼。2000 年，他创办了
SHOWStudio 这个时尚和电影网站，
持续拓展艺术的边界。奈特高调的
音乐视频也使他在创意方面
赢得了极高的美誉。

HORST P. Horst
霍斯特·P. 霍斯特

霍斯特·P. 霍斯特的摄影生
涯始于 1931 年，并跨越了不可
思议的 60 年。这位出生于德国
的美籍摄影师以其引人注目的肖像摄影
而闻名。他的肖像摄影打破了风格界限，
并使其成为有史以来最具标志性风格的
摄影师之一。霍斯特与法国版、英国版
和美国版 *Vogue* 杂志均有合作，他为
名人们提供了一种无法企及但又诱
人的品质摄影，这也激发了其他
时尚摄影师的灵感。

STEVEN MEISEL
史蒂文·梅塞

史蒂文·梅塞从不害怕拍摄激进的时尚形象，通常是为意大利版 Vogue 拍摄。

事实上，自从 1988 年意大利版 Vogue 杂志发行以来，他为该杂志拍摄的每一张封面都非常激进。作为一个真正的艺术家，他受到模特和明星的尊敬，他以大胆地运用图像来表达自己的思想而闻名。

ANNIE LEIBOVITZ
安妮·莱博维茨

安妮·莱博维茨以其为《名利场》杂志拍摄的名人肖像而闻名，她对时尚摄影做出了重要贡献，在她的肖像摄影中常常能找到一种明显的戏剧风格。她为 Vogue 拍摄的照片与其他摄影师的作品完全不同，完全是另一种风格，她的摄影作品常常充满了对儿童故事和传说的引用，并且清晰的线条和色彩使它们能立即被识别出来。

MARIO TESTINO
马里奥·特斯蒂诺

出生于秘鲁的马里奥·特斯蒂诺无疑是世界上最多产的肖像和时尚摄影师。据他估计，他已经拍摄了凯特·摩斯几千次。1997 年，他为《名利场》杂志拍摄的威尔士王妃戴安娜使他家喻户晓。特斯蒂诺的奢华风格、丰富的色彩、魅力和光泽，使他成为时尚编辑和设计师的最爱。

HELMUT NEWTON
赫尔穆特·牛顿

赫尔穆特·牛顿的摄影作品以挑衅的或坦率的形象而闻名，这使他赢得了"怪癖之王"的绰号，他是时尚摄影界的一位重要贡献者。他最著名的时尚形象是 1975 年拍摄的伊夫·圣·洛朗的"吸烟装"。

IRVING PENN
欧文·佩恩

作为 20 世纪 40 年代 Vogue 杂志的重要摄影师，欧文·佩恩的作品具有绘画般的特质，让人联想到艺术大师们的作品。他早期作品的特色是使用鲜明的黑白对比——尤其是那些以他的妻子丽莎·方萨格里夫斯为原型的照片。但他简洁明了的摄影风格延续在他的整个职业生涯。众所周知，佩恩的摄影很少使用道具，喜欢简单的单光源照明。

DAVID BAILEY
大卫·贝利

大卫·贝利的名字与"摇摆 60 年代的形象"是同义的，当时他为 Vogue 杂志拍摄的照片让崔姬和简·诗琳普顿一举成名。他喜爱的另一个缪斯女神是凯特·摩斯，她曾多次被贝利拍摄。作为现代摄影的先驱，他总是痴迷于肖像摄影，他为米克·贾格尔、约翰·列侬和保罗·麦卡特尼，以及他家乡伦敦东区的许多人物拍摄过很多令人难忘的肖像摄影作品。

她有 1 120 万 Instagram 粉丝
出生于意大利，在洛杉矶工作的模特、设计师，
在 *The Blode Salad* 上开了博客。

进入博客圈
ENTER THE
BLOGOSPHERE

她有 470 万
Instagram 粉丝
作为最早的时尚博主之一，
她的博客 Song of Style
也展示了她的室内设
计，博客每月浏览
量高达 200 万。

年轻的、自力更生的时尚博主和
时尚编辑之间的战争正在如火如荼地
进行着，时尚编辑认为他们在时尚
行业耕耘数十年才使得时尚编辑的风格
品位得到认可。在 2016 年米兰时装周上，
包括莎莉·辛格（Sally Singer）在内的
美国版 *Vogue* 编辑指责时尚博主们
"预示着时尚的消亡"，因为他们每小时都
要换一套"付费穿戴"的服饰，不断地
在 Instagram 上上传照片，并无时无刻
不在努力吸引时尚狗仔队，让自己被他们
的镜头捕捉到。当然，也有人对此持
不同看法，他们认为年轻的时尚偶像们
（时尚博主）比陷入泥潭的编辑更有影响力，
他们在社交媒体上的大量追随者（粉丝）、
与知名设计师的合作，以及在时尚杂志
封面上的露面，都表明时尚博主的
"崛起"是有一定道理的。

SHEA MARIE 谢·玛莉

她有 110 万
Instagram 粉丝
她在 Peace Love Shea 开了 The Style
Guru 博客，她将加州女孩的阳光与波西米亚风
格和摇滚风格进行混搭。

数据采集于2017年11月

HELENA BORDON
海伦娜·博登
她有 100 万 Instagram 粉丝
她是一位巴西博主，出生
时尚世家，她妈妈是巴西版 *Vogue*
的造型总监，她也是巴西
快时尚品牌 284 的共同拥有人。

TANESHA AWASTHI 塔妮莎·阿瓦斯塔西
她有 28.9 万 Instagram 粉丝

她是 Girl with Curves 博客的创建者，
是一位知名的超码身材博主。
她的博客主要关注现代、精致、
前卫的时尚。她认为身材型号不应该
是风格的限制。

BRYANBOY
他有 66.3 万 Instagram 粉丝

菲律宾人布莱恩·格雷·雅宝
（Bryan Grey Yambao）创建了
他的名人时尚与风格博客。
2004 年他的时尚博客被公认为
是该领域最具影响力的博客
之一，马克·雅各布也是
他的粉丝，他以雅宝的名字
命名他设计的 BB 包。他的博客
每月点击量超过 100 万次。

SUSIE BUBBLE
她有 38.4 万 Instagram 粉丝

苏西·刘（Susie Lau）是一位
英国时尚博主，撰写博客 Style
Bubble，据说她每季时装周会
参加 140 场秀。

ALEX STEDMAN 亚历克斯·斯特曼
她有 15.2 万 Instagram 粉丝

她之前是购物杂志 *Red* 的编辑，
现在是自由职业者，在
The Frugality 上开设博客，
为预算有限又希望保持时尚的
人士提供小贴士。

PHIL OH 菲尔·OH
他有 15.7 万 Instagram 粉丝

他是 Mr Street Peeper 时尚账号的博主，
他在全世界各地旅行，既关注各地的
街头风格，也关注秀场风格，
为很多国际性时尚期刊供稿。

SARA CRAMPTON 萨拉·克拉普顿
她有 56 万 Instagram 粉丝

她是一位在 Harper and Harley 开博客的
澳大利亚时尚博主，主要关注悠闲的
澳大利亚时尚、极简风格时尚
和时尚必备单品。

RITA SARAQI 丽塔·萨拉奇
她有 2.75 万 Instagram 粉丝

她是第一个来自科索沃的时尚博主，
她在 Fishnets and Rainbows 上开设了博
客。她与 Benetton 和 Mango 合作，她的
博客也是"让科索沃焕然一新"活动的一
部分，这是科索沃年轻人发起的活动。

CHARLOTTE GROENEVELD
夏洛特·格罗恩维尔德
她有 32.6 万 Instagram 粉丝

她出生于荷兰、生活在纽约，
是两个孩子的母亲，在 The Fashion Guitar
上开博客，她与设计师们合作，
但强调个人风格和内容的真实性。

VOGUE家族
IN VOGUE

Vogue 杂志由阿瑟·鲍德温·特努尔 (Arthur Baldwin Turnure) 于 1892 年创立，开始是以周刊的形式在美国发行。1905 年高端出版商康泰纳仕买下了这本杂志，并让其迅速流行起来，成为我们今天所熟悉的样子。在 1916 年英国版 *Vogue* 发行之前，*Vogue* 只有美国版。现在作为"时尚圣经"的 *Vogue* 在全球拥有 20 多个版本。

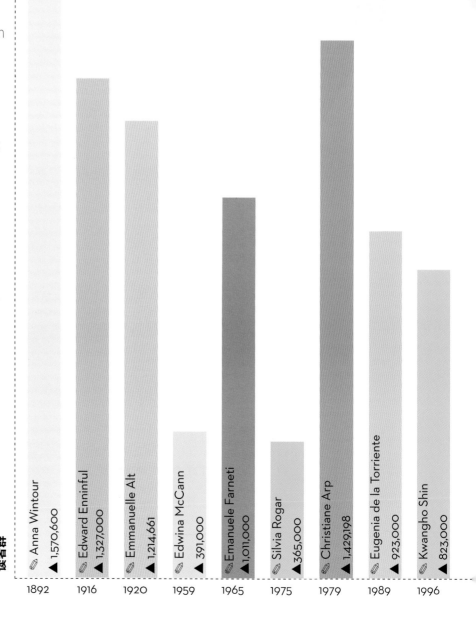

读者群

Anna Wintour	Edward Enninful	Emmanuelle Alt	Edwina McCann	Emanuele Farneti	Silvia Rogar	Christiane Arp	Eugenia de la Torriente	Kwangho Shin
▲ 1,570,600	▲ 1,327,000	▲ 1,214,661	▲ 391,000	▲ 1,011,000	▲ 365,000	▲ 1,429,198	▲ 923,000	▲ 823,000

创刊时间

1892	1916	1920	1959	1965	1975	1979	1989	1996

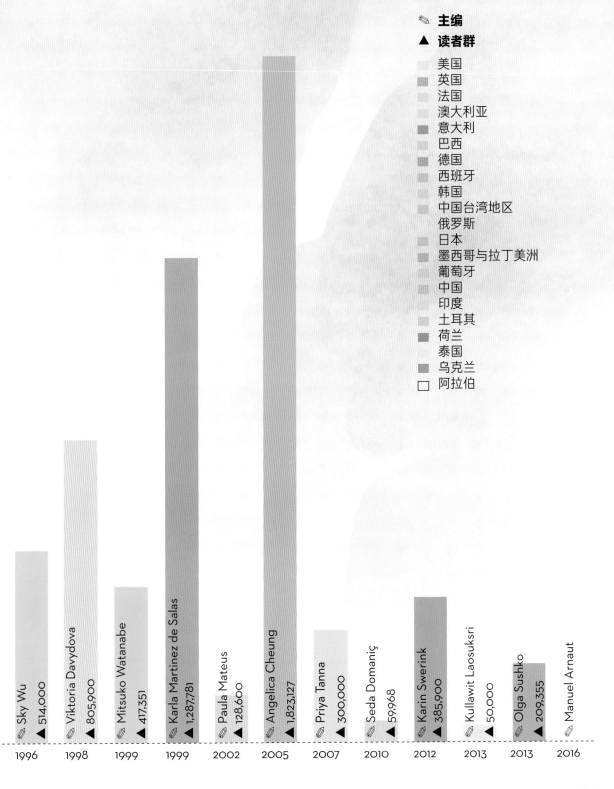

THE DEVIL WEARS... 时尚魔头

时尚编辑是时尚行业最具影响力的人，他们能将
籍籍无名的设计师和模特推向市场，也能通过编辑的时尚选择
带来争议性变化并推动时尚的发展。

DIANA VREELAND
戴安娜·弗里兰

她出生于法国，在纽约长大，是时尚界最资深的前辈。1936 年，她在 *Harper's Bazaar* 开始了自己的职业生涯，在那里她对平淡无奇的日常着装规范提出了质疑，她曾说过一句名言："太多的好品位会让人厌烦。"在做了 20 多年"古怪"时尚之后，她跳槽到了 *Vogue*，自此，她的顶级时尚理念传播成了一个传奇。不幸的是，执掌 *Vogue* 期间，由于其拍片成本过于高昂，她在 1971 年被解雇了。但她依旧被许多人认为是对时尚界贡献最大的人。

GRACE CODDINGTON
格蕾丝·柯丁顿

她 1941 年出生于威尔士的安格尔西岛，从小就想从事时尚行业。她在 20 世纪 60 年代成为一名事业成功的模特，但在经历了一场车祸之后，她于 1968 年转行在英国版 *Vogue* 担任时尚编辑；20 年后，她去了美国版 *Vogue* 工作。在那里，她将一些富有创造性的方法运用到时尚造型和时尚摄影之中。虽然她于 2016 年宣布退休，但她依然顶着那头标志性的红发出现在各大时尚秀场和时尚活动之中。

FRANCA SOZZANI
弗兰卡·索萨妮

她于 1988 年任意大利版 *Vogue* 主编，一直到 2016 年去世。她是一个勇于打破时尚禁忌的人。曾于 2008 年打破传统做了一期以黑人为主题的杂志，并在 2001 年将一期杂志的 20 页版面给了大号模特。她特别关注时尚之外的道德问题：她让史蒂文·梅塞拍摄了墨西哥湾漏油事件的蔓延——让克里斯汀·麦克米尼在被油污侵蚀的动物之间摆姿势。她在 20 世纪 90 年代，让模特的名字出现在她们拍摄的照片旁边，并因此推动了一批超模的崛起，引发了时尚行业的超模现象。

SUZY MENKES
苏西·门克斯

她于 1943 年出生于英国，在时尚圈。她是一个无可挑剔的人物，常年保持着其标志性的卷发发型。她最受人钦佩的是她犀利而公正的写作风格，既能准确地评估潮流趋势，又能将时尚置于更广泛的文化和时代背景中去讨论。门克斯为《国际先驱论坛报》工作了 26 年，2014 年她跳槽到康泰纳仕任国际编辑，负责所有国际时尚专题。

ANNA WINTOUR
安娜·温图尔

波波头和墨镜是安娜·温图尔的标志，她 20 岁左右来到纽约成为 *Harper's Bazaar* 的时尚编辑。在成为英国版 *Vogue* 时尚编辑之前，她在 *Viva*、*Savvy*、*New York magazines* 等杂志工作过。1988 年她又回到了纽约，成为美国版 *Vogue* 的主编，一直任职到现在。由于其冷冰冰的性格而被大众戏称"Nuclear Wintour"（核武温图尔），她一直都是时尚界最具话语权的人。

CARINE ROITFELD
卡琳·洛菲德

她是法国和俄罗斯混血，从 2001 年起担任了 10 年法国版 *Vogue* 主编，在这期间，她打破时尚禁忌，用自由主义的法国态度拍摄了不少前卫时尚大片，其中包括 2007 年拍摄的将 13 个模特绑在窗帘杆上的照片。她经常登上最具时尚风格女性的榜单。离开 *Vogue* 之后，她曾为优衣库设计过服装，创办过自己的时尚杂志 *CR Fashion Book*，并担任了 *Harper's Bazaar* 的全球时尚总监。

ALEXANDRA SHULMAN
亚历山德拉·舒尔曼

她是英国版 *Vogue* 前任主编，2017 年离开 *Vogue*，她为这本杂志工作了 25 年零 1 天，她经常被当作安娜·温图尔的反例——无论是个人风格还是编辑风格。舒尔曼不喜欢看上去过度华丽和昂贵的时装大片，她更倾向于更具创意和新颖的摄影。她觉得认为她不像 *Vogue* 编辑的看法很荒谬，准确地说："我是 *Vogue* 的编辑……那么 *Vogue* 的编辑还能长什么样？"

EDWARD ENNINFUL
爱德华·恩南弗尔

这位备受瞩目、爱用 Instagram 的时尚编辑于 2017 年意外接替亚历山德拉·舒尔曼成为英国版 *Vogue* 主编。这导致整个编辑团队大变动，一大批时尚名人涌入编辑团队，其中包括名模娜奥米·坎贝尔。很多人都认为加纳裔的恩南弗尔将为时尚界带来一种新的、前卫的感觉。这并不让人意外，他从 18 岁起就在 *i-D* 杂志做编辑，并善于打破传统，曾于 2008 年在意大利版 *Vogue* 将所有关于黑人的专题整合在一起出版。

STORY TIME 讲故事

虽然时尚摄影的主要目的在于展示新的设计产品，并为广告商提供编辑报道素材。但这同时也是一个创造艺术作品的机会，特别是当大牌摄影师和名模参与其中的时候。这就是时尚杂志如何实现时尚传播的。

CASTING & LOCATION
人物挑选和外景拍摄地的选择

为拍摄工作找到一个合适的模特至关重要。如果照片将用于封面，那模特必须具备一张能"带货"的脸。摄影通常在摄影棚进行，但很多时候也需要外景拍摄，这意味着需要为模特、编辑团队、摄影师、发型师和化妆师以及造型师预订航班和酒店。艺术部门则负责采购道具。

STORY BOARD
故事板

在拍摄之前，将所有情节展现在一个故事板上，有助于让展示出来的图像都讲述同一个故事。

EDITORIAL BRIEFING
编辑简报

编辑、造型师和艺术总监与摄影师会面，为时尚故事勾勒出概要和预算。讨论模特、地点和服装的创意、样张，情绪板*和数字图像有助于形成一个连贯的拍摄主题。杂志会有一系列版面分给某个摄影专题。

＊情绪版, mood board, 指经由对使用对象与产品认知的色彩、影像、数字资产或其他材料的收集，可以引起某些情绪反应，作为设计方向与形式的参考。设计师运用它来检视色彩、样式，并据以说服其他人之所以如此设计的理由。其应用范围很广，可以用于接口设计、网页设计、品牌设计、营销沟通、电影制作、脚本设计、电玩游戏制作，甚至是绘图、室内设计等。——译者注

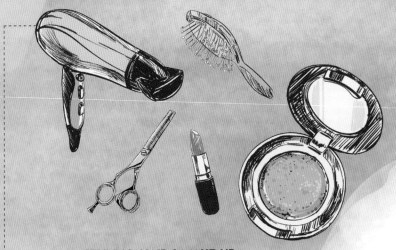

STYLING, HAIR & MAKE-UP
妆发与造型

造型师的一项技能就是找到合适的服装来为拍摄制造氛围，展示最新的流行趋势，混合高端设计师的作品与街头时尚，选择合适的配饰，找到新的和有趣的方式来搭配服装也是其工作的一部分。大量的样衣需要从时装品牌的公关公司或设计师那里借过来，如果原定服装不符合拍摄需求的话，可以有其他的选择。

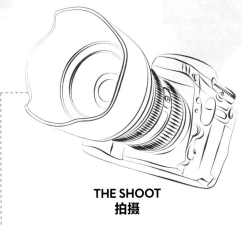

THE SHOOT
拍摄

好的摄影师会在拍摄的时候营造一种适合拍摄主题的氛围，他们常常会让模特放松，但有时也会对模特们提出挑战，让她们去创造一些令人惊奇的东西。摄影师与其助手对光线的要求极高，他们会充分利用光线，并使用最新的数码摄影技术，拍摄上千张照片以供选择。拍摄期间，工作时间非常长，参与拍摄的人员都非常累。工作人员会用宝丽来相机对服装和配饰的搭配进行拍照记录，以确保其在使用过程中不会出错。多幅跨页的时尚专题拍摄需要花费数天时间。

POST-PRODUCTION
后期制作

在正式出版之前，照片须经过挑选和修图，如修掉瑕疵或不完美的地方。

点睛之笔——修图
FINISHING TOUCH

使用数字技术处理图像引发的争议一直在持续，在如何看待影像技术对人物形象的影响这个问题上，人们一直无法达成一致意见。一直以来时尚杂志都会对所有图片进行修图，有时是修掉一些小瑕疵，但更多的时候是对整个图片进行巨大的调整，从而获得普通拍摄手法无法达到的效果。酷爱自拍的新生代们也热衷于使用滤镜和美颜相机 App 向世界展示自己的迷人形象。有人喜欢这些经过修图的模特和名人照片，尽管他们知道这些照片都精修过，但他们依旧为其美丽着迷；但也有人希望杂志能禁用这些用 PHOTOSHOP 过度修图的照片。你觉得呢？

一些化妆品品牌因为过度修图而遭受审查。2012 年一则 Rimmel 的化妆品广告，因为在制作过程中为乔治亚·梅·贾格尔（Georgia May Jagger）置入了睫毛而遭到禁播。一年前，CoverGirl 的一则广告也因为在后期制作中加强了泰勒·斯威夫特（Taylor Swift）睫毛的效果而被禁。

2014 年歌手洛德（Lorde）发布了她的粉刺照片，以展示真实的肌肤。

凯拉·奈特利（Keira Knightley）对 2004 年上映的电影《亚瑟王》（King Arthur）在宣传海报中使用修图技术为其丰胸表示强烈不满，并于 2014 年在接受 Interview 杂志采访时，拍摄了无上装照片，以展示真实身材。

凯特·温斯莱特（Kate Winslet）曾公开抱怨 GQ 杂志在 2003 年的一期中，将自己的腿围尺寸缩小了三分之一左右。为此她拍摄了一张真实的宝丽来照片予以反击，并称这张照片里的自己"看起来相当不错"。

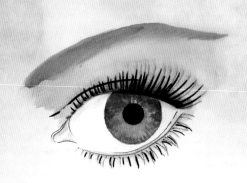

40% 的美国女性说自己会
考虑接受整容手术。

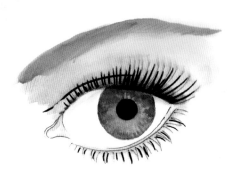

80% 的美国女性觉得媒体上
的女性形象让她们缺乏
安全感。

81% 的 10 岁美国儿童害怕自
己太胖。

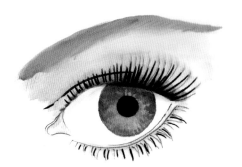

90% 的 15～17 岁的美国女孩
希望至少对自己外貌的某
一个方面做调整。

跳起舞来
LET'S DANCE

流行文化对时尚的影响由来已久，音乐产业与时尚产业的交叉似乎变得越来越重要。今天我们看到大量流行歌星和主流设计师之间的创意合作，碧昂丝和 Lady Gaga 等享誉世界的明星在拍摄音乐视频和演唱会上都会穿着高级定制时装。

SEX PISTOLS
性手枪乐队

作为朋克摇滚的一员，无政府主义团体"性手枪"乐队对撕扯得破破烂烂的、脏兮兮的二手服装以及印有不太好意思公开展示的标语的 T 恤情有独钟，他们原本应该站在时尚的对立面。但是，多亏了薇薇安·韦斯特伍德（Vivienne Westwood）（见第 117 页），朋克时尚自此开始流行，并且一直保持着影响力，范思哲等设计师在许多设计中都使用了安全别针、撕裂的口子、破洞，以及解构服饰，这股潮流一直延续到了今天。

BOB MARLEY
鲍勃·马利

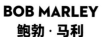

鲍勃·马利轻松悠闲的时尚外表和态度使他成为最伟大的音乐明星之一，同时他引领了军装风格的服饰潮流，尤其是他标志性的 M-65 夹克。他的拉斯塔法里（Rastafari）色彩风格对整个时尚界也有着持久的影响力，其色彩风格的条纹无处不在，无论是在街头时尚还是设计师的设计作品中都能见到。在嘻哈浪潮兴起之前，他就对阿迪达斯的球鞋和运动套装情有独钟，引领了休闲运动装的时尚风潮。

MADONNA
麦当娜

她是时尚界的百变女王，其时尚风格千变万化，有的风格让人觉得匪夷所思，比如让-保罗·高缇耶为其打造的尖胸装。她最具影响力的时尚造型是 20 世纪 80 年代在《神秘约会》（Desperately Seeking Susan）电影中的造型：脏兮兮的白色蕾丝紧身裤和无指手套、发髻加束带式头巾、镶钉靴子、宗教风格项链和大耳环。其造型被很多十几岁的年轻女孩模仿，直到现在依旧影响着时尚界。

KURT COBAIN
科特·柯本

1991 年涅槃乐队（Nirvana）引领了邋遢风潮。凌乱、不修边幅的垃圾摇滚，对破洞牛仔裤、法兰绒衬衫，以及伐木工人的工装服特别钟爱。柯本的妻子考特尼·洛夫（Courtney Love）引领了一种衍生风格——"雏妓"风格，娃娃脸配上可爱的碎花裙，再加上破洞紧身裤，脚上穿着皮靴或玛丽珍鞋（Mary Janes），满身污渍配上浓艳的妆容和乱糟糟的头发（见第 124 页）。

MICHAEL JACKSON
迈克尔·杰克逊

这位麻烦缠身的明星拥有独特的时尚审美，包括镶嵌铆钉的服饰、军装风格服装、棒球夹克、摩托夹克、紧身红色皮裤；修身剪裁的西装；帽子和太阳镜。他具有非常广泛的影响力，他在拍摄《颤栗》（Thriller）MTV 时穿着的夹克的仿制品在 2011 年以 180 万美元的价格售出。

KANYE WEST
坎耶·维斯特

他既是时尚品牌爱好者也是时尚品牌的包装者，他最著名的时尚事件是带火了 Vetements 这个巴黎品牌，它也被很多人看作是高级时装与嘻哈文化联姻的标志。他和路易威登、耐克合作推出了一系列运动鞋，和 A.P.C. 合作了男装系列。他标志性的造型是宽松的长裤搭配皮靴，长 T 恤和连帽衫搭配大廓形的皮草外套。

DAVID BOWIE
大卫·鲍伊

《卫报》的时尚编辑杰西·卡特纳 - 莫利（Jess Cartner-Morley）说，"鲍伊用自己的衣服创造了艺术"，他在时尚审美观上突破了许多界限。他雌雄难辨的魅力贯穿了他的整个职业生涯，毫无疑问他最具代表性的风格是 Ziggy Stardust。那是他与日本设计师山本宽斋（Kansai Yamamoto）合作打造的，当这位歌手穿着带有和服风格元素的针织连体紧身衣出现在世人眼前时，华丽摇滚（glam rock）诞生了。从 20 世纪 80 年代到 90 年代，鲍伊从穿着标志性的连身裤和防尘外套逐渐转向穿着修身剪裁的服饰，他与其他设计师也展开了合作，其中包括亚历山大·麦昆。

全球传播
SPREADING THE WORD

时尚圈很大程度上是依赖广告来增加收入的。从时尚杂志的版面到位置巧妙的超大广告牌，以及在电视和电影院点播的迷你故事片广告，每一种媒介都是有针对性的。

MAGAZINE ADVERTISING
杂志广告

每年的 3 月刊和 9 月刊是杂志广告投放量最大的两期。时尚杂志上编辑的内容体量通常不到广告版面的一半。实际上广告商常常通过编辑内容（如杂志专题、访谈、编辑推荐等）获得很多免费的、更有价值的宣传。虽然编辑的独立性需要得到有效的保障，但实际上编辑和广告总监也需要提供很多付费广告之外的宣传，在杂志里多多提到品牌"金主"，从而让大的广告商满意，留住大客户。以前只有顶级设计师才符合高端时尚杂志的形象，现在 *Vogue*、*Harper's Bazaar* 等时尚杂志也乐于接受高街时尚品牌的广告，并让它们和同时期的顶级设计师们一样光鲜靓丽。时尚杂志最贵的广告版面是翻开封面后的四页拉页，英国版 *Vogue* 的这个广告位价值 149 010 英镑。

美国版 VS 英国版
VOGUE
广告页数

615 页
（2015 年 9 月刊）

275 页
（2016 年 2 月刊）

广告收入（年收入）

英国版 *Vogue* **2 500 万英镑**

美国版 *Vogue* **4.6 亿美元** (2013年)

TELEVISION COMMERCIALS
杂志广告

目前最贵的商业广告是 2004 年妮可·基德曼（Nicole Kidman）为香奈儿 5 号做的广告，该广告的制作成本为 1 800 万英镑。该广告片由巴兹·鲁赫曼（Baz Luhrmann）导演，卡尔·拉格斐为其提供整体服饰设计与搭配。妮可·基德曼因出演这部 2 分钟的迷你时尚电影广告片获得了 200 万英镑的报酬。

£
$

广告费用
THE COST OF ADVERTISING

1 800 万英镑

最贵的商业广告是 2004 年妮可·基德曼为香奈儿 5 号做的广告。

149 010 英镑

最贵的时尚杂志广告是英国版 *Vogue* 的封面后的四页拉页。

625 000 美元

纽约时代广场的广告牌是世界上最贵的广告牌，每周的价格为 625 000 美元，且须一次至少投放四周。

BILLBOARD ADVERTISING
广告牌

高端时尚设计师会选择最一流的购物天堂投放大量的、具有影响力的广告，包括伦敦、纽约、香港、迪拜，等等。这些广告都以名模和明星为主打，每幅广告的制作水准都堪称艺术品。截至 2015 年，世界上最贵的广告牌是纽约时代广场广告牌，价格是每周 625 000 美元，且一次投放至少四周。为了达到高清显示效果，这块比足球场还宽的广告牌具有惊人的 2 400 万像素。模特们的收入大部分来自与设计师们的广告合作，成为其产品代言人。香奈儿的代言人吉赛尔·邦辰 2016 年以 3 050 万美元的年收入荣登《福布斯》杂志评选的全球收入最高的模特排行榜榜首。

2016 年收入最高的名模
HIGHEST PAID MODELS 2016

1 吉赛尔·邦辰

$30 500 000

2 阿德里亚娜·利马

$10 500 000

3 卡莉·克劳斯和肯达尔·詹娜

$10 000 000

4 吉吉·哈迪德与
罗茜·汉丁顿-惠特莉

$9 000 000

5 卡拉·迪瓦伊

£8 500 000

数字化
GOING DIGITAL

互联网时代，随着时装秀直播的兴起、时尚博客的粉丝猛增达到数百万，另外，随着Instagram 的风靡，我们接触和看待时尚的方式也在改变。传统时尚杂志不得不重新塑造自己，增强自己的时尚黏性，最终它们成功推出了互动式线上阅读，不但保住了品牌，也保住了其纸质出版物的吸引力。其他风格独特的时尚与生活网站，提供了内容丰富的行业资讯、求职信息，以及令人印象深刻的时尚专题。访问以下网站，跟上时尚的步伐。

THESTYLELINE
它最初于 2011 年在 Tumblr 平台上成立，其独立的数字化网站于 2013 年推出，专注于全球个人风格和创意风格。

WWD
《女装日报》的网站每月有近 300 万访问量，网站会定期更新时尚秀、时尚专题，以及行业重磅信息、重要的时尚评论文章和商业信息。

NET-A-PORTER
这家购物网站每月有 3000 万以上的访问量，并为用户提供免费和付费的数字化内容。

ELLE
它堪称光鲜亮丽的 *ELLE* 杂志的姊妹刊，其包罗万象的内容一定能满足你的期待。它每月有 700 万的访问量，为访客提供各种各样的时尚与生活方式信息。

FASHIONWEEKONLINE
该网站会发布四大时装周的日程，也有时装周的直播。此外，它为访客提供全球各地其他时装周的日程和链接信息。它把全球的时装周的资讯都串联了起来。

BUSINESSOFFASHION
该网站主要发布时尚行业内部信息和业内人士的分析，同时它以每日文摘的方式，提供其他网站关于时尚与生活方式的资讯链接。

FASHIONISTA
该网站的月访问量为 200 万，为满足行业内人员和终端消费者的需求，网站提供商业、风格和购物建议，以及求职方面的各类信息。

REFINERY29
这是一家备受推崇的生活方式类网站，每月有 2 700 万访问量，它就像一本时尚杂志，有专题、时尚新闻、购物和风格建议。

WHOWHATWEAR
网站为 400 万访问用户提供大量关于潮流、新闻、名人风格、购物和街头风格的免费内容。

VOGUE
这家顶级时尚杂志的网站每天都会发布特定国家的最新时尚信息，包括时尚专题和新闻资讯，此外，它也会发布纸质版杂志的电子版。

PYLOTMAGAZINE
它算是另类时尚与摄影杂志 *PYLOT* 的数字化姊妹刊，每年出版 2 期，内容包括艺术、音乐、采访和专题特写。这本不断探索出版边界的杂志一直严格要求使用未经修图的照片。

讨价还价
BAG A BARGAIN

讨价还价并不是那么容易的。折扣购物的
先驱者之一哈里·塞尔福里奇 (Harry Selfridge)
于 1911 年在其同名牛津街塞尔福里奇百货里
开设了一个"地下减价商品部"。塞尔福里奇百货
还公然与当时的零售业叫板，大肆宣传其季末销售，
使得其商场外排起了长队。1月和 7月的季末销售
逐渐变得无处不在，但在过去 20 年中，精明的
消费者认为没有理由购买全价商品。另外，
鉴于时尚商品的平均加价为 55% ～ 62%，
零售商就算大幅降价，还是能盈利。
你可以在很多地方买到减价商品。

FAST FASHION STORES
快时尚店铺

快时尚店铺的秘诀是，提高货品更新速度，追求
更快的速度、更新的款式。此外，它们还和高端
时尚设计师合作，推出高街品牌里的高端时尚系
列。Zara、H&M、Topshop、Primark 和 Forever
21 都是精于此道的快时尚市场佼佼者。

OUTLET SHOPPING MALLS
奥特莱斯购物中心

奥特莱斯主要以设计师品牌和奢侈品牌的折扣店
为主打，价格通常是正价店的 5 ～ 7 折，有时折
扣甚至更低。但需要注意的是，奥特莱斯售卖的
商品并不一定会出现在品牌的精品店里，部分奥
特莱斯售卖的商品是品牌专门为其制作的，质量
和设计有所"缩水"的版本。

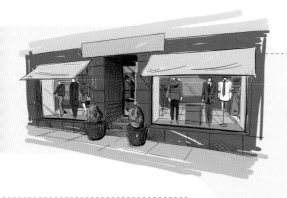

DISCOUNT BRANCHES
OF BIG NAME STORES
大型商场的折扣店

眼看着利润下滑的大牌百货公司也开始推出自己的折扣店，如 Neiman Marcus Bargain Box、Nordstrom Rack 和 Macy's Backstage。

SAMPLE SALES
样品特卖会

这曾是时尚界编辑和圈内人的秘密，设计师样品销售不仅仅是售卖走秀样衣或媒体拍摄样衣，也售卖前几季的尾货。现在样品特卖不再只针对时尚圈内人士，也向大众开放。

ONLINE DISCOUNT
SHOPPING SITES
折扣网站

折扣网站，如 Outnet，属于 Net-a-Porter 的设计师特价部门，Yoox 网站常常提供 2.5 折的低价商品。虽然折扣网站的主要货品是季末商品或上一季的产品，但就连时尚编辑往往也会去抢购。

SEASONAL SALES
季末大减价

现在消费者对 1 月和 7 月的季末大减价已经没有那么大期待了，但季末大减价时依旧有很多很棒的便宜货，特别是在一些知名百货公司的季末减价的时候，如 Selfridges 和 Bloomingdales 百货。

DESIGNER DISCOUNT
HIGH-STREET STORES
名牌尾货折扣店

美国的 TJMaxx 和它的欧洲分支 TKMaxx 专门销售品牌服装公司的多余库存尾货，为了节省成本，店里贩卖的商品去掉了包装等各种多余装饰物和附加产品，整个灯火通明的卖场里除了一杆一杆挤压在一起的商品，连售货员都很难见到。

第 4 章

时尚年代

FASHION ERAS

在时尚上有如此多的选择，以至于我们常常忘记，在过去的几十年里，所谓的"时尚"是有规律可循的。从 20 世纪 20 年代的直筒低腰连衣裙（flappers）到 60 年代的迷你裙（miniskirts），每个时代都有自己的风格。本章系统地介绍了这些标志性时尚造型，让我们一起怀旧地回顾过去的时尚。本章的图表也显示了人们对复古服装兴趣越来越浓，同时，这些图表也向读者介绍了在某一特定时期哪些人物对时尚产生了显著影响，这其中包括银幕上的明星和某些皇室时尚成员。

时髦女郎的裙摆长短
THE LONG AND THE SHORT OF IT

众所周知，女性的裙摆长度可以用来衡量经济的繁荣程度。裙摆指数显示，裙摆随着股票指数的上涨而上涨（股票指数越高，裙摆越高，即裙摆长度越短）。经济动荡的时候，裙摆会在一夜之间放下来。

INS

25
20
15
10
5

1920s

1930s

1940s

直筒低腰连衣裙流行的时代，裙摆不断上升，最终于1926年降落在膝盖上，甚至更高——低腰裙的裙摆在离地板18英寸的地方结束了这场"闹剧"。

经济衰退使裙摆下降了8～9英寸，到小腿中部，但这些裙子却并不朴素，它们在剪裁上采用了斜裁方式，面料以优雅的丝绸为主，裙子的线条蜿蜒优美。

由于第二次世界大战爆发，布料在这段时期成了稀缺的配额产品，缝缝补补过日子成了常态。这个时期裙摆的上升（缩短）不是因为时尚，而是必须的，因为根本没有多余的面料去制作优雅的长裙。

1950s

1960s

1970s

1980s

1990s 至今

到了 20 世纪 40 年代末，设计师对美的渴望已经到了如饥似渴的地步。来自巴黎的克里斯汀·迪奥创造了完美的"战后"风格——"新风貌"系列，面料丰富，裙摆丰满。

这十年间，迷你裙成为最具代表性的时尚潮流，迷你裙又叫超短裙，它让裙摆远离了地面 25 英寸。

20 世纪 70 年代，女性的裙摆从一个极端走向了另一个极端，自由休闲风格的马克西长裙取代了迷你裙，让裙摆再次落到了地面。

20 世纪 80 年代流行"权力着装"（power dressing），超大的垫肩配上大廓形的剪裁，仿佛让人回到了 20 世纪 40 年代。裙摆设计既修身又短，刚好到膝盖处。当时与之搭配的流行发型是爆炸头，口红颜色也非常鲜艳。

从 20 世纪 90 年代开始，时尚风潮开始变得"百无禁忌"，头一天穿一条及地的马克西长裙，第二天或许就换上了一条大胆暴露的超短裙或超短裤。

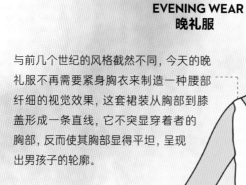

与前几个世纪的风格截然不同，今天的晚礼服不再需要紧身胸衣来制造一种腰部纤细的视觉效果，这套裙装从胸部到膝盖形成一条直线，它不突显穿着者的胸部，反而使其胸部显得平坦，呈现出男孩子的轮廓。

礼服的配饰有肘长手套、镶有钻石或羽毛的头带和一长串珍珠。时髦女郎们还会时常佩戴夸张的羽毛围巾，手指还会夹根香烟。

直筒低腰连衣裙通常有一条低领无袖领口，低腰款，裙摆刚好落在膝盖上。

轻佻时尚
FLAPPER FASHION✳

女性第一次抛弃紧身胸衣转而选择低腰连衣裙，将长发剪成时髦的短发。女性的裙摆也从脚踝上升到了膝盖附近，时尚已经不再只是暴露肩膀或手臂了。在美国，爵士时代开启了，随之而来的自由奔放让这十年被称为"咆哮的 20 年代"。

✳ Flapper Fashion 是指女孩子偏于中性化的打扮，剪着时髦短烫发，脱去束腰，穿着微短而舒适的改版小礼服，化着得体大方的妆容，手拿男士烟斗或长烟，袒露双臂，在法语中，这种形象被称为"garçonne"，意为"男生式样的女孩"，一改传统女性的优雅端庄。

直筒低腰连衣裙的面料通常是雪纺的，裙摆下方带有流苏。

DAYWEAR
日常便服

钟形帽(cloche hat)和长款珍珠项链之类基础款配饰是必不可少的，此外还会根据不同季节搭配毛皮披风或披肩。

20世纪20年代的女性的便装常常是衬衣搭配百褶裙，外边搭配裹身开襟羊毛衫，或者是晚礼服风格的直筒低腰连衣裙。

20世纪20年代中期，干净的线条搭配大胆的印花的装饰艺术美学风格开始流行。

这一时期流行的鞋子通常有一条带扣的绑带和一个小的弯曲的"路易"后跟，并经常用钻石装饰。

OUTERWEAR
户外着装

单词"cloche"源自法语单词"bell"，20世纪20年代流行的钟形帽通常由毛毡制成，可以搭配便装，也可以饰以珠宝、刺绣、贴花、胸针或其他艺术性的装饰物，用于搭配晚礼服。

20世纪20年代的10年里，不成形的轮廓，被带有奢华的镶边阔型领口和袖口或艺术装饰风格印花大廓形外套、披风或修身外套强化。在寒冷的夜晚，女士们还需要一个皮草暖手筒。

银幕形象
SILVER SIRENS

20 世纪 30 年代的时尚变化：在某种程度上，由于 1929 年的华尔街崩盘，
30 年代风格比 20 年代更加低调，它在一定程度上缓和了"咆哮的 20 年代"的
乐观情绪，使得女性变得节俭。这个时期女性的裙摆变长了，就像经济危机时期
经常出现的那样，女性再也无法负担一天换几次衣服的费用。然而，
30 年代也是银幕时代，女性在好莱坞女演员的形象中塑造自己，
比如葛丽泰·嘉宝（Greta Garbo）和珍·哈露（Jean Harlow）。

TROUSERS
裤装

20 世纪 30 年代，裤装并没有被女性普遍接受，但像凯瑟琳·赫本和玛琳·黛德丽（Marlene Dietrich）这样的银幕偶像开始引领女士的裤装风潮。与此同时，具有影响力的设计师可可·香奈儿坚持认为，如果男士可以在乡村度假时穿花呢裤子，那么女士也可以。设计师设计的阔腿裤搭配条纹布雷顿上衣或者系角衬衫上衣、珍珠项链的形象，很大程度上使女性穿裤子成为时尚。

EVENING WEAR
晚礼服

这时期的晚礼服通常是及地款长裙，有时裙摆较小，由丝绸和缎子制成，并采用斜裁的方式进行剪裁，以达到修身的效果。礼服上身面料设计带有垂感，稍显宽松，非紧身设计，领口要么简单，要么是一种吊带式领口，肩带遮住裸露的地方、胸开得非常低、肩带从前胸延展到后背。配饰通常是刺绣或珠宝装饰的手袋、长手套、引人注目的装饰性长耳环，以及与缎面晚礼服搭配的缎面晚装拖鞋。女士们将短发卷成波浪卷。

DAYWEAR
日常便服

20 世纪 30 年代流行长度到小腿的褶裙便装，裙子由轻薄的印花织物制成，袖子略微蓬松，肩部呈方形轮廓，突出了整齐的腰带或系带腰部。更休闲的便装是长款褶裙搭配衬衫和西装夹克或披肩。搭配好帽子和鞋子，是凸显许多服装款式风格效果的关键。

SUITS & TAILORING
套装与剪裁

20 世纪 30 年代方形的精致剪裁开始回归，方形肩部开始流行，有的款式肩部剪裁得像一个方盒子，外套流行收腰剪裁，或与腰带相搭配，下半身配上一条长款的、直筒款的褶裙。女士喜欢在夹克里穿一件系蝴蝶结领口（pussy-bow）的衬衫。帽子是必不可少的配饰之一，其中包括 20 年代流行的钟形帽的变形款，配有羽毛装饰的小毡帽，并流行向一方偏斜的佩戴方式。

COATS
外套

20 世纪 30 年代，大衣外套只用于白天穿着，但是晚上妇女们会穿着宽大的裹身大衣，上面有毛皮装饰。披肩和小斗篷、短披风也很受欢迎，比如裘皮披肩。

UTILITY DRESSES
多功能连衣裙

始于 1941 年的布料限量供应，一直持续到了 1949 年。
这意味着 40 年代的衣服需要用尽可能少的布料制作。
1942 年，设计师诺曼·哈特内尔（Norman Hartnell）
发布了第一个"多功能连衣裙"服装系列。幸运的是，
40 年代的时髦女郎可以将必须随时携带的防毒面具
隐藏在一个设计巧妙的手提包里，否则装防毒面具的
纸板箱将成为一个不受欢迎的时尚配件。

简约时尚
AUSTERITY FASHION

20 世纪 40 年代的时尚是"缝缝补补"。
由于第二次世界大战导致的布料
配给制度，意味着女性必须创造性地
使用她们已有的布料，用床单和
旧窗帘制作外套，调整服装图案
以使用最少的布料，由于尼龙袜的
短缺，女士们只好将肉汁粉涂在
她们的裸腿上，并画出假"接缝"。

TEA DRESSES
茶歇裙

20 世纪 40 年代的裙子比 30 年代的短，这是为了应
对当时的布料短缺状况，但仍然配有蓬松的袖子和腰
带，褶裙裙摆刚好垂到膝盖。由双绉面料（一种真丝面
料）制成的美丽的茶歇裙非常受女性欢迎，她们还会为
之搭配相配的手套、帽子和手袋。

LAND GIRLS
大地女孩

那些在田野里接手男人们的工作的女人们通常都穿着劳工的工作服，但是，为了增加时尚感，大地女孩们把衣服系得紧紧的，并配上彩色的印花头巾，看起来出奇地现代。

NAUTICAL LOOK
航海风格

航海风格是当时美国最流行的服饰风格之一，水手服、阔腿裤与条纹上衣搭配沙滩休闲装，再外搭一件休闲西装，就能应对一些比较讲究的场合。在 1948 年上映的电影《公海上的罗曼史》(*Romance on the High Seas*) 中，多丽丝·戴 (Doris Day) 的造型——白色长裤搭配条纹上衣和休闲西装，推动了航海风格的流行。

NEW LOOK
新风貌

在经历了战争时期的节俭之后，巴黎设计师克里斯汀·迪奥具有里程碑意义的战后时装系列的发布恰逢其时。众所周知，"新风貌"风格用了大量的布料来制作宽下摆长裙，并将其与剪裁精良、魅力十足的束腰夹克相搭配。这时期流行的配饰是细跟高跟鞋与优雅的宽檐帽。

1940S SUITS
20 世纪 40 年代套装

20 世纪 40 年代套装对时尚界的影响非常深远，它宽肩设计的宽度足以与 80 年代风格相媲美，腰部收得比较紧，搭配长度及膝或刚好盖住膝盖的褶裙。对于 40 年代套装来说，坡跟鞋是最完美的配饰。

新风貌
NEW LOOK

---

20 世纪 50 年代是真正的淑女风格的复兴时代。在经历了战争时期布料配给制度的紧缩之后，时尚界对奢华面料的渴求已经迫不及待了。全套帽子、手套和长袜，让明显的女性气质与诸多时髦风格相结合，使"新风貌"风格看上去既正式又有趣。

SKIRTS & DRESSES
半裙与连衣裙

20 世纪 50 年代是属于蓬蓬裙和层叠式衬裙的。裙子很长很宽大，但腰部收得很紧，凸显出沙漏状轮廓。同样受欢迎的还有修身的紧身铅笔裙。

THE STILETTO
匕跟鞋
又称细高跟鞋

1953 年，罗杰·维维尔（Roger Vivier）发明了细高跟鞋，当时他正与克里斯汀·迪奥合作。他给它取了一个"针头"的绰号，这款鞋立马火了起来，并打造出玛丽莲·梦露等时尚偶像，据说她曾将这款鞋的鞋跟削掉了四分之一英寸，从而导致其无法正常走路，却歪打正着地创造出其标志性的"一步三摇"的走路风格。

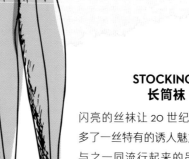

HANDBAGS
手袋

这十年流行的配饰除了长手套之外，女性的手臂上还挽了一只手袋。曾是电影明星，后来成为摩纳哥王妃的格蕾丝·凯利（Grace Kelly）是 50 年代女士优雅、酷、别致的缩影，爱马仕（Hermès）为其设计的凯利包（Kelly bag）是流行史上的第一次爆款包（It Bag）。

STOCKINGS
长筒袜

闪亮的丝袜让 20 世纪 50 年代风格多了一丝特有的诱人魅力。不幸的是，与之一同流行起来的吊带袜却让很多人烦恼不已，它要求穿着者拉直袜缝，屏住呼吸以便把自己塞进束身胸衣里。

BALLET FLATS
芭蕾鞋

时尚偶像如奥黛丽·赫本偏爱简洁中带有一点帅气男孩的风格 —— 长度刚好在脚踝上方的卡普里裤（Capri Pants，俗称七分裤）、束腰的经典白衬衣，还有头巾和芭蕾鞋。在其他好莱坞性感明星的衬托下，她显得更加清新别致。

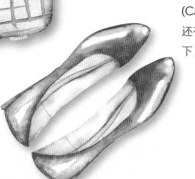

BIKINI
比基尼

20 世纪 40 年代末和 50 年代，比基尼流行了起来，每个电影明星都值得冒险尝试这种新风格。年轻的碧姬·芭铎（Brigitte Bardot）是第一个为比基尼奠定时尚地位的人，作为一个明星，初出茅庐的她通过穿比基尼引起了他人的关注，为其事业的成功打开了局面。

摇摆的60年代
SWINGING SIXTIES

20 世纪 60 年代以 50 年代的时尚延续为开端，
但在这十年里整个时尚却发生了翻天覆地的
变化。女性解放已提上日程，许多妇女开始
外出工作。她们挣来的钱不少花在了其新面貌的
打造上：迷你裙、迷幻风格的面料、印花图案
迷你连衣裙搭配色彩鲜艳的紧身衣。

BIBA
比芭百货 BIBA

波兰设计师芭芭拉·胡兰斯基（Barbara Hulanicki）
的传奇百货公司比芭百货首次以实惠的价格销售时装。
这家奢华的装饰艺术风格的商店，其灵感来自好莱坞的
魅力，销售人员（包括 15 岁的安娜·温图尔）与购物者
来自同一个时尚群体，这是绝无仅有的，比芭百货提供了
一整套令人向往的完整生活方式，不仅出售衣服，
还出售食品和家居用品。比芭百货很快
成为时尚达人的聚集地，吸引了一大批
电影明星、模特、艺术家和音乐家。

MINISKIRTS
迷你裙

以崔姬和简·诗琳普顿为代表的新一代超模，其形象都带有一种
顽皮可爱的孩子气特征，这与 20 世纪 50 年代流行的富有曲线的
性感形象大不相同，超短裙完美地展现了她们修长而瘦削的双腿。
最短的迷你裙被称作 "pelmet"（又称帷幔裙），因其长度和
窗帘上方的帷幔长度相当而得名。

KNITTED & CROCHETED DRESSES
针织连衣裙和钩针编织连衣裙

如果图案印花和亮色不是你的风格，
针织和钩针编织的迷你连衣裙也是大热的流行
趋势之一，图案通过编织融入了设计之中。

MEN'S FASHION
男性时尚

60 年代，男人们终于有机会通过时尚来
表达自我：天鹅绒夹克、军装风格的
卡纳比街头夹克（Carnaby Street jackets）、
毛茸茸的长款皮草大衣和
女性化的衣服配上一头长发，
这种打扮在当时是令人震惊的。

SCI-FI
科幻风格

受电影《太空英雌芭芭丽娜》
和系列电视剧《星际迷航》的影响，
皮尔·卡丹（Pierre Cardin）和
帕高·拉巴纳（Paco Rabanne）等设计师
采用具有未来感的金属风格的面料
设计服装，并配以太空头盔式帽子、
超大护目镜和高筒靴，打造了
一系列时装。

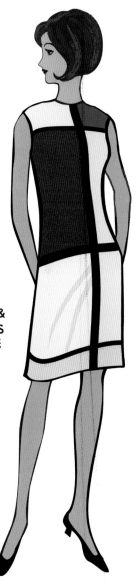

GEOMETRIC PRINTS &
BOLD COLOURS
几何图案与大胆的色彩

印花女王设计师玛莉·官（Mary Quant）于 1963 年
在伦敦开了 2 家"Bazaar"精品店，伦敦是摇摆的
60 年代的时尚中心。玛莉·官受"垮掉的一代"和小
时候穿的舞蹈服装的影响，她大胆地将黑白几何图案
运用在紧身连衣裙上。再配上她标志性的
维达·沙宣（Vidal Sassoon）波波头，色彩鲜艳的
紧身裤袜，使其整个时尚造型更加完整。
无独有偶，1965 年，伊夫·圣·洛朗创作了
蒙德里安系列，其中包括六件鸡尾酒礼服，
它们都是基于荷兰画家皮特·蒙德里安
（Piet Mondrian）多彩的平面艺术。

花的力量
FLOWER POWER

喇叭裤，高跟鞋，坎肩背心，嬉皮士的
爱与和平，爆炸发型和对迪斯科的狂热，
20世纪70年代的人们热爱具有挑战性的时尚。
时尚人士们从纽约的Studio 54汲取灵感，
他们追捧的设计师是侯斯顿(Halston)。
他被人们奉为极简主义时尚的开山鼻祖，
他设计的垂褶晚礼服(draped evening gowns)
和其标志性的设计针织吊带连衣裙，都以极简
风格让人难忘。喜欢社交派对的各路名流
都爱穿他的设计，他常常和安迪·沃霍尔、
杜鲁门·卡波特、伊丽莎白·泰勒和
比安卡·贾格尔等人在一起。

DISCO
迪斯科

1977年，电影《周末狂热夜》
(Saturday Night Fever)里的约翰·特
拉沃尔塔(John Travolta)在全球掀起
了舞蹈热潮，迪斯科的狂热时代开始了。
喇叭裤型的连体裤，上面缀满了各式亮
片材料，非常疯狂，脚上配一双水台鞋
(platforms)，大胆的人会为了
溜冰场迪斯科穿上一双溜冰鞋。

FLOWER POWER
花的力量

嬉皮士反对过去几十年来刻板的价值观。
宽松的长袍、纯正的扎染衬衫、赤脚或凉鞋的流
行与它们传播的和平与爱的信息紧密相连，
同时强调个人自由，拒绝固有的性别观念。
男人像女人一样留起了飘逸的长发。

THE CLOTHES THAT MADE THE SEVENTIES

BELL-BOTTOMS
喇叭裤

或许 20 世纪 70 年代最让人难忘的时尚潮流是棕色、绿色和紫色的天鹅绒大喇叭裤，或者是大喇叭裤上的迷幻印花。自从桑尼（Sonny）和雪儿（Cher）在电视节目里穿了这种裤子，它就被主流时尚设计师们迅速捕捉并推广开来，一些喇叭裤特别宽大，被戏称为"象腿式钟形裤"（elephant bells，后来这个词成了喇叭裤的代名词）。

PLATFORM HEELS
水台鞋

水台鞋把穿着者脚底和脚跟都垫高了，它将永远与 20 世纪 70 年代联系在一起。水台鞋有各种颜色或印花，由各种面料制成，令人眼花缭乱，水台鞋可以搭配所有的服装。像埃尔顿·约翰（Elton John）和大卫·鲍伊这样的明星都是水台鞋的超级粉丝。

DENIM
单宁牛仔

单宁牛仔在 20 世纪 70 年代成为主流，从喇叭裤、外套、连衣裙、裙子、热裤到"loons"（一种带有大下摆的紧身裤，与喇叭裤类似，但它在膝盖甚至小腿以上部位都是紧身的）都使用这种面料。

WRAP DRESS
裹身裙

1974 年，黛安·冯·弗斯滕伯格（Diane Von Furstenberg）创造了一个时尚经典：裹身裙。它由真丝针织面料制成，其裁剪让所有女性都感到满意。裹身裙最初是用 70 年代花哨的印花面料制成的，瞬间成为经典。1974 年到 1976 年，这位设计师卖出了 500 多万条裹身裙，因此登上了《新闻周刊》（Newsweek）的封面。

PUNK ROCK
朋克摇滚

朋克摇滚与温和、热爱平和的嬉皮士运动形成鲜明对比，它是 20 世纪 70 年代兴起的一种音乐反主流文化，其着装方式同样具有争议性。它由纽约的纽约娃娃乐队（New York Dolls）、雷蒙斯乐队（The Ramones）和地下丝绒乐队（The Velvet Underground）发起，与此同时，朋克也在国王路的薇薇安·韦斯特伍德和马尔科姆·迈凯伦的朋克精品店里兴起，亚当·安特（Adam Ant），性手枪乐队和苏克西与女妖乐队（Siouxsie Sioux）等音乐人都在那里购买橡胶服装、束缚带（bondage gear）和带有标语的 T 恤。

你有你的"型"
YOU'VE GOT THE LOOK

20 世纪 80 年代是过剩的 10 年：银行业、媒体界、设计师品牌和大众的可支配收入都得到显著增长，整个社会仿佛随时随地都在开香槟畅饮。但谈到时尚的时候，它有很多问题要回答，很多当时流行的时尚单品，今天的你却试图想要遗忘它，比如：腰包（Fanny packs，又叫 bum bags）、蛋糕裙（ra-ra skirts）、暖腿袜套（leg warmers）和酸洗单宁牛仔，等等。

不管你喜不喜欢，这 10 年的这些标志性造型都不会被人们所遗忘。

POP'S INFLUENCE
明星影响力

20 世纪 80 年代的流行歌星对时尚产生了很大的影响，麦当娜在电影《神秘约会》中的角色造型，让蕾丝无指手套、班杜拉式头巾、铆钉靴和各种珠宝首饰大热起来。该片的标志性夹克在 2014 年以 25.2 万美元的价格被拍卖。英国香蕉女郎乐队（Bananarama）让头发上系花蝴蝶结、骑行裤（一种女士六分裤，英文名：pedal pushers）、印有标语的 T 恤衫、大耳环成为流行。当然还有被全世界模仿的迈克尔·杰克逊在拍摄《颤栗》MV 时穿着的夹克。

DENIM
单宁牛仔

20 世纪 80 年代的单宁牛仔有两种处理方式：酸洗或特意制作破洞。牛仔裤被水洗处理得苍白或通过石磨水洗磨出条状或斑驳的纹理，它的版型往往比较宽松，穿着者还会卷起长长的裤边。麦当娜是破牛仔裤女王，她还为搭配破洞牛仔定制了几条腰带，并将其穿在蕾丝紧身裤外。上下一身牛仔装是完全可以接受的，比如用牛仔衬衫或超大款的牛仔夹克搭配牛仔裤。

POWER SUITS
权力套装

20 世纪 80 年代是权力套装流行的 10 年，职业女性们用倒三角形的宽肩双排扣夹克，搭配窄小的铅笔裙。闪亮的纽扣、大耳环、爆炸头、细跟高跟鞋、个性化手表以及设计师手袋上的五金配件，让整个权力套装造型更加完整。Cult 电影《王朝和达拉斯》（Dynasty and Dallas）证明在家里穿有垫肩的漂亮晚礼服也是可行的。

SLOGAN T-SHIRTS
标语 T 恤

带标语 T 恤很早就被用来表达穿着者或设计者的政治观点，但在 20 世纪 80 年代，设计师凯瑟琳·哈姆内特（Katharine Hamnett）将其提升到了一个新的高度，她在 2009 年接受《卫报》采访时说："标语在很多不同的层面上都起作用；它们几乎是潜意识的。它们也是一种让人们与某个事业结盟的方式。它们是部落或社群的象征。穿上它就像给自己打上了某种烙印。"

WORKOUT GEAR
运动装备

20 世纪 80 年代，健身成为一种主流，这要归功于简·方达（Jane Fonda）和其他人发起的"燃脂"（feel the burn）运动，它使紧身衣、运动裤和护腿袜套等运动服饰融入人们的日常穿着。

MEN'S FASHION
男性时尚

电影《迈阿密风云》里的刑警唐·约翰逊（Don Johnson）和菲利普·迈克尔·托马斯（Philip Michael Thomas）是这十年的男士时尚偶像，他们使得宽松的淡黄色、白色休闲西服套装成为时尚。此外，电影《华尔街》（Wall Street）里的戈登·盖科（Gordon Gekko）也让背带、亮色袜子和个性领带风靡一时。

NEON
荧光色

极其鲜艳的颜色，特别是荧光粉、青柠绿、亮黄色和橙色，在 20 世纪 80 年代成为流行色，被用于衣服、鞋、时装首饰还有太阳镜。

A LIFE IN STYLE
DIANA, PRINCESS OF WALES

威尔士王妃戴安娜的
时尚生活

戴安娜王妃是一位真正的时尚偶像，她拥有自己的标志性造型，既时尚，又符合她作为世界上最著名、最受欢迎的女性之一的社会角色。她从一个19 岁的害羞的幼儿园老师，在阳光下穿着闪亮的裙子，变成了一位穿着黑色鸡尾酒裙的性感女人，再后来成为一位离婚后寻找新生活的女性。戴安娜并没有追随时尚，她的着装风格被大众模仿，从而使她成为一名时尚大使 —— 事实上，她的着装成就了包括凯瑟琳·沃克(Catherine Walker) 和布鲁斯·奥尔德菲尔德(Bruce Oldfield) 在内的很多英国设计师。

新王妃 THE NEW PRINCESS

在正式订婚的照片中，戴安娜选择了一套端庄别致的蓝色西装和一件猫咪蝴蝶结领口衬衫。她的婚纱是由当时还不出名的设计组合大卫和伊丽莎白·伊曼纽尔(David and Elizabeth Emanuel) 设计的经典公主裙。它有蓬松的袖子、飞边、褶边、蕾丝和引人注目的25英尺长的裙摆。象牙色的丝绸塔夫绸在去教堂的路上被弄皱了，设计师们在她走上大道前拼命地把褶皱弄平。

晚礼服 THE EVENING GOWN ①

20 世纪 80 年代中期，她的着装就像一部迷人的晚礼服图册。戴安娜喜欢不对称的单肩礼服，比如她 1983 年参加邦德电影《八爪女》(Octopussy) 首映式时穿的由设计师哈奇(Hachi) 设计的银色喇叭珠子覆盖的优雅礼服。其他礼服还包括她在白宫晚宴上与约翰·特拉沃尔塔跳舞时穿着的午夜蓝维克多·埃德尔斯坦(Victor Edelstein) 礼服。

休闲着装 DRESSED DOWN

即使在格洛斯特郡的乡下度假时，戴安娜也未放弃自己的风格，她选择了经典的不规则格子裤和搭配简单的白色流苏的针织衫和乐福鞋。后来，她在国外参加外事活动时，经常选择简单的卡其色裤搭配清爽的纯棉衬衫。

经典套装 THE CLASSIC SUIT ②

20 世纪 90 年代，经典的合身西装和连衣裙成为戴安娜衣橱中的主打款式，以满足其简洁优雅的着装需求，也让她有更多的时间和精力专注于慈善事业，她通常只用一串珍珠作为配饰。从本质上讲，戴安娜的风格是一个经典的风格，这表现在她喜欢的整洁套装和配套的配饰上。

现代造型 THE MODERN LOOK ③

到了 20 世纪 90 年代，奢华的礼服设计被较短的、更简单的设计所取代，这些设计延续了戴安娜最喜欢的风格元素，比如克里斯蒂娜·斯坦博利安(Christina Stambolian) 设计的精致露肩小黑裙，成为她最具标志性的造型之一。1991 年，她曾穿着一条简单的黑色 polo 衫领的服饰，梳着一头新的、引人注目的短发，登上 Vogue 杂志的封面，这一造型被大众模仿。

来自王室的时尚偶像们
FASHIONABLE ROYALS

备受设计师宠爱又具有雄厚的经济实力的王室成员们，衣橱里收集了
不少世界上最精致、独一无二的服饰。然而，王室成员必须克制自己
对奢华的喜爱，王室的时尚原则要求其坚守传统，所穿服饰必须
适合所要出席的场合，并以此促进国家服装艺术和服装生产的发展。

QUEEN LETIZIA OF SPAIN
西班牙莱蒂齐亚王后
1972—

身为西班牙国王费利佩六世的妻子，
莱蒂齐亚是一个时尚的欧洲王室成员。
王室成员的着装都会经过仔细挑选和
审查。这位王后总是穿着设计师品牌的
礼服或精心剪裁的套装。

DIANA, PRINCESS OF WALES
威尔士王妃戴安娜
1961—1997

她是世界上被拍最多的女人，
和所有真正时尚的女人一样，
戴安娜有自己的风格，她塑造了
当下的时尚，并在这个过程中
常常创造出新的潮流。

PRINCESS MARGARET, COUNTESS OF SNOWDON
斯诺登伯爵夫人玛格丽特公主
1930—2002

作为一位热衷社交的名媛，
玛格丽特公主的服装是时尚的巅峰。
这位勇敢的公主总是制订自己的规则，
1951 年她曾在户外活动时没佩戴帽子，
这在当时被视作一桩丑闻。

HER HIGHNESS SHEIKHA MOZAH BINT NASSER AL-MISSNED OF QATAR
卡塔尔莫扎王妃
1959—

这位优雅的卡塔尔王室成员是一个非常
保守的政权中的进步面孔。她将西方
服装与传统服装结合在一起，以不冒犯
阿拉伯情感的时尚风格
而受到赞赏。

QUEEN RANIA OF JORDAN
约旦拉尼亚王后
1970—

拉尼亚在与约旦王子阿卜杜拉
结婚前，曾在苹果公司从事
市场营销工作，1993 年嫁入王室。
热情直率的拉尼亚王后向世人证明，
她既是一位时尚偶像，也是一位
坚定的社会变革者。

CROWN PRINCESS VICTORIA OF SWEDEN
瑞典维多利亚公主（女王储）
1977—

维多利亚公主是一位彻头彻尾的
现代皇室成员，2010 年她嫁给了
她以前的私人教练。她的着装风格是
毫不夸张的斯堪的纳维亚风格，
喜欢穿着非常女性化的花朵裙、
简洁的直筒裙和长款晚礼服长裙。

PRINCESS SIRIVANNAVARI
NARIRATANA OF THAILAND
泰国西莉凡纳瓦里·纳瑞拉塔娜公主

1987—

这位泰国公主是迪奥、香奈儿和
华伦天奴时装秀的常客，
同时也是一位时装设计师。

CROWN PRINCESS
MARY OF DENMARK
丹麦玛丽王妃

1972—

她经常入选各大媒体的"最时尚"
排行榜，公众也经常拿她与
剑桥公爵夫人相比，她们二位确实有着
不可思议的相似之处。

WALLIS SIMPSON
华里丝·辛普森

1896—1986

华里丝·辛普森嫁给了退位的
爱德华八世，她是一位时尚偶像。
从 20 世纪 20 年代到 1986 年去世，
她的时尚衣橱给世人留下了
惊人的时尚纪录。

PRINCESS CAROLINE
OF MONACO
摩纳哥卡罗琳公主

1957—

她是格蕾丝·凯利的女儿，
常常被媒体评为世界上
最会穿衣的女性之一。

PRINCESS GRACE
OF MONACO
摩纳哥格蕾丝王妃

1929—1982

好莱坞女演员格蕾丝·凯利
在 1956 年与摩纳哥亲王雷尼尔三世
举行了一场古典式的婚礼，
她作为时尚偶像的地位也随之确立。

HRH QUEEN ELIZABETH II
伊丽莎白二世女王

1926—

伊丽莎白二世女王作为最重要的
王室成员，总是佩戴着完美的配饰，穿
着色彩协调的服装。

PRINCESS MARIE-CHANTAL
OF GREECE
希腊玛丽·尚塔尔王妃

1968—

这位美国富豪继承人于 1995 年与
帕夫洛斯王储结婚。尽管她拥有
巨额财富和显赫地位，她的朋友们
依旧亲切地称她为"MC"，
她还亲自为其童装品牌做设计。

QUEEN MÁXIMA
OF THE NETHERLANDS
荷兰马克西玛王后

1971—

阿根廷人马克西玛于 2002 年嫁给
荷兰王储威廉·亚历山大，
2013 年成为王后。
具有南美血统的她总是优雅但又
不怕尝试明亮的印花和颜色。

THE DUCHESS
OF CAMBRIDGE
剑桥公爵夫人

1982—

作为威廉王子的妻子，
凯特的着装备受关注和争议。
她为推广英国设计师品牌和
高街时尚品牌做了很多工作。

GRUNGE
垃圾摇滚

与 20 世纪 80 年代的时尚风格
相反，垃圾摇滚风格是肮脏、凌乱的。
破破烂烂的褪色牛仔裤，法兰绒衬衫叠穿
在旧 T 恤上或系在腰间，紧身裤外搭配
满是破洞的牛仔短裤，头戴毛线帽，
脚踩马丁靴。垃圾摇滚风格的其中一个分支是
由考特尼·洛夫掀起的"雏妓"风格造型——
娃娃裙搭配破洞紧身裤，脚踩靴子或
玛丽珍鞋，脏兮兮的浓妆和凌乱的发型。

让时尚变得有趣
SPICE THINGS UP

到了 20 世纪 90 年代初，人们对
20 世纪 80 年代那些刻板、傲慢和
注重品牌的时尚产生了强烈的反感
情绪。整齐的打扮、考究的剪裁已经
过时，垃圾摇滚风、嘻哈风、瑞秋在
《老友记》中凌乱的头发才是流行。

DENIM
单宁牛仔

20 世纪 90 年代，单宁牛仔面料依旧
非常流行，如宽松的工装裤（工装服）、
不讨人喜欢的高腰"妈妈"牛仔裤、
无袖牛仔衬衫、剪得很短的牛仔短裤
（在寒冷的月份会将其穿在紧身裤外边）
和穿在针织衫外的宽松版牛仔夹克。

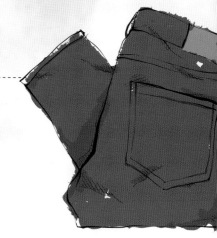

HIP HOP
嘻哈

终极闪亮的街头风格是由《新鲜的贝莱尔王子》
（*The Fresh Prince of Bel-Air*）里的
威尔·史密斯（Will Smith）和一帮日益崛起的
嘻哈艺术家所引领的。宽松裤、连帽衫、
棒球帽和金链子咄咄逼人的光亮，
都是男子嘻哈风格的代表。女子嘻哈风格以
TLC 流行乐团的着装风格为代表：低腰宽松牛仔裤、
男式拳击短裤、军装靴或篮球鞋、短上衣和大量
金属五金制品配饰（特别是身份识别牌项链和大耳环）。

SUPERMODELS
超模

20 世纪 90 年代掀起了对超模的崇拜（见
第 66 ~ 67 页），这股风潮始于英国版 *Vogue*
一月刊邀请辛迪·克劳馥、娜奥米·坎贝尔、琳
达·伊万格利斯塔、克里斯蒂·图林顿和塔贾
娜·帕蒂茨五位超模拍摄封面。最初的
超模们光鲜靓丽的形象完全符合 20 世纪
90 年代初的审美观，但在 1993 年，一个瘦削、
飘逸的年轻女孩 —— 凯特·摩斯的出现，
拉开了时尚界垃圾摇滚风格审美的序幕，
其影响持续了很多年。

SKATER DRESSES & DOC MARTENS
溜冰裙（又称伞裙）与马丁靴

20 世纪 90 年代的垃圾摇滚风格的另一个灵感来源于
艾丽西娅·西尔弗斯通（Alicia Silverstone）在电影《独领风骚》
（*Clueless*）中扮演的雪儿（Cher）。花朵或格子溜冰裙搭配
可爱的帽子和马丁靴，或格子溜冰裙搭配露脐装短上衣。

21世纪的第一个10年
THE NOUGHTIES

与前几十年相比，21世纪初的时尚
更难被界定：互联网时代的到来
使得人们对科技的痴迷空前高涨，
具有未来感的银色、金色、亮黑色
风靡了时尚秀场，而往日神秘的
时装秀也通过互联网的传播让
所有人都可以观赏。前几十年的
一些时尚在20世纪初依旧流行，
如：嘻哈时尚、宽松的上衣、
大圆环耳环、运动服饰、露脐装等。

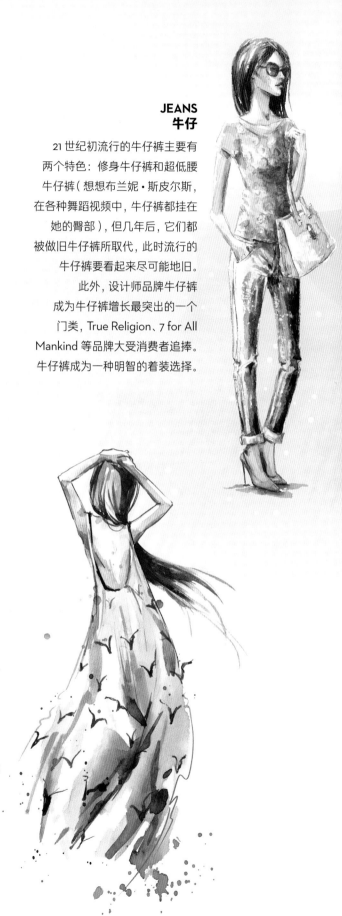

JEANS
牛仔

21世纪初流行的牛仔裤主要有
两个特色：修身牛仔裤和超低腰
牛仔裤（想想布兰妮·斯皮尔斯，
在各种舞蹈视频中，牛仔裤都挂在
她的臀部），但几年后，它们都
被做旧牛仔裤所取代，此时流行的
牛仔裤要看起来尽可能地旧。
此外，设计师品牌牛仔裤
成为牛仔裤增长最突出的一个
门类，True Religion、7 for All
Mankind 等品牌大受消费者追捧。
牛仔裤成为一种明智的着装选择。

BOHO
波西米亚风

BOHO 是波西米亚流浪者 "bohemian homeless"
的缩写，波西米亚风就是嘻皮时尚中
混搭入了一点民族风格色彩。它是由女演员
西耶娜·米勒（Sienna Miller），以及后来的凯特·摩
斯和玛丽·凯特·奥尔森（Mary Kate Olsen）
一同打造的流行趋势，以刺绣上衣、印花短裙、
短款夹克、光腿穿牛仔靴、低腰吉卜赛长裙为特色。

UGG BOOTS
UGG 靴

这是一个不可思议的成功故事，
起源于澳大利亚的、没有什么造型的双面羊皮靴，
在 21 世纪初成了最火的时尚单品。
2000 年，奥普拉·温弗瑞（Oprah Winfrey）在其
节目中对它大加赞赏后，其销量一飞冲天。
演员、名媛、网红、模特都对它的舒适度赞不绝口。
2003 年凯特·摩斯在一次拍摄中穿了 UGG 靴，
使得它的知名度到达了顶峰，
2015 年 UGG 的销售额高达 10.3 亿英镑
（约合 13.6 亿美元）。

'IT' CLOTHING & ACCESSORIES
IT 服装与配饰

21 世纪的头 5 年，富二代
帕丽斯·希尔顿（Paris Hilton）展现了
千禧一代的魅力与奢侈。她既满足了大众对
富豪名流生活的好奇，也激发了大众对名流们
选择的那些服装和配饰的渴望：LV 腰带、
Juicy Couture 运动服、Prada 球鞋以及各种
IT 手袋。在休闲装领域，大 LOGO 成为时尚，
消费者甚至会排队购买最新的带有
Abercrombie&Fitch 标志的运动衫。

荧幕里的时尚
FASHION ON SCREEN

自荧幕时代以来，电影影响了
人们的体型、发型、妆容，当然
也影响了时尚风潮。好莱坞
黄金时代的传奇服装设计师，
如吉尔伯特·阿德里安（Gilbert
Adrian）、伊迪丝·海德（Edith
Head）和威廉·特拉维拉（William
Travilla），对时尚的影响
不比巴黎的时装屋少。

1920S

无声电影时代的明星**克拉拉·鲍伊**
（ Clara Bow ）的短发、水手长裤和百褶裙，
格洛丽亚·斯旺森（ Gloria Swanson ）
喜爱的有华丽装饰的高跟鞋和迷人的皮草，
都被大众跟风模仿。

★★★★★

1930s

玛琳·黛德丽是第一个
用燕尾服替代晚礼服的女性，
性感的**珍·哈露**（ Jean Harlow ）让具有
未来感的波波头发型和
高挑的眉形成为潮流。
凯瑟琳·赫本（ Katharine Hepburn ）
对男装和阔腿裤的喜爱影响了整个
20 世纪的时尚。

1940s

多丽丝·戴在电影《公海上的罗曼史》中穿着的
白色长裤和条纹上衣掀起了一股航海风格
时尚潮流，而**丽塔·海沃思**（ Rita Hayworth ）
在电影《吉尔达》（ Gilda ）里穿着的
黑色缎面礼服则成为最诱人的礼服。
《卡萨布兰卡》（ Casablanca ）里**英格丽·褒曼**
（ Ingrid Bergman ）的直筒短裙、头巾加风衣的
搭配也成为 20 世纪 40 年代的
经典时尚造型。

1950s

玛丽莲·梦露的标志性礼服
包括《绅士爱美人》（ Gentlemen Prefer Blondes ）
中的粉色礼服和《七年之痒》
（ The Seven Year Itch ）中的白色绕颈系带吊带裙
（ halter neck，又称露背裙 ）。**格蕾丝·凯利**在
《捉贼记》（ To Catch a Thief ）里提的爱马仕手袋，
碧姬·芭铎在 1953 年戛纳电影节上穿着的
有伤风化的抹胸比基尼，都对时尚深具影响。

1960s

纪梵希为**奥黛丽·赫本**的《蒂凡尼的早餐》设计了黑色小礼服裙。崇尚自由的女演员**简·柏金**用她的迷你裙和"菜篮子"（草编包）抓住了 60 年代的时尚精髓。**米娅·法罗**在《罗斯玛丽的婴儿》（ Rosemary's Baby ）中干练的短发造型成为永恒的时尚经典。

1970s

《爱情故事》（ Love Story ）的明星**阿里·麦古奥**（ Ali MacGraw ）用波西米亚风格的印花、手帕裙和角斗士凉鞋激发了服装爱好者的灵感。**黛安·基顿**（ Diane Keaton ）在电影《安妮·霍尔》（ Annie Hall ）中，身着宽松的卡其裤、西服马甲，打领带，重新掀起了 20 世纪 30 年代流行的女士穿男装的风潮。

★★★★★

1980s

格蕾丝·琼斯在 1985 年的电影《雷霆杀机》（ A View to a Kill ）中扮演的梅·戴，身着性感紧身连衣裙和束缚式内衣。少年得志的明星**莫莉·林瓦尔德**（ Molly Ringwald ）凭借《早餐俱乐部》（ The Breakfast Club ）和《红粉佳人》（ Pretty in Pink ）中的角色造型成为万千少女心目中的时尚偶像。

1990s

女演员**艾丽西娅·西尔弗斯通**在《独领风骚》中扮演的富家女学生雪儿，掀起了格纹服饰、迷你裙和齐膝白袜子的潮流。高中校园风从未如此时髦。

★★★★★

2000s

《欲望都市》里的 4 位女主角通过各种设计师品牌服装和鞋子，为观众展现了四种截然不同的着装个性，同时也展现了独特的纽约着装风格。《时尚女魔头》（ The Devil Wears Prada ）是有史以来最贵的时装电影，设计师们争相出借自己的服装和配饰。

2010s

《了不起的盖茨比》（ The Great Gatsby ）是一场 20 世纪 20 年代的服装盛宴，包括马克·雅各布在内的时装设计师们都在其中为他们的时装秀找到了灵感。与此同时，现象级电视剧《绯闻女孩》（ Gossip Girl ）的热播，让学院风的格子短裙和运动夹克成为潮流，这也是向街头风格的致敬。

VINTAGE FASHION 古董时装

寻找（炫耀）原创古董服饰挺刺激的，艾里珊·钟、凯特·摩斯和莎拉·杰西卡·帕克等名流都是古董服饰的超级粉丝，她们花钱请古董商们为其采购最好的古董服饰。
如果你没有私人奢侈品采购顾问，那么下面的这些购物技巧或许会对你有所帮助。

LOOK CAREFULLY
仔细观察

把衣服放在灯光下，检查有无磨损的补丁、
丢失的扣件、断开的拉链、霉菌或水渍、松动的缝线或
污渍。很多东西都可以修理，但可能会费时费力。
如果一件衣服带有腰带环，那它应该是配有腰带的。
如果没有，你就可以向销售方要折扣。衣服的腋窝部分
是特别脆弱的，因为汗液中的酸性物质会损坏织物。
检查鞋子的底部，高跟鞋的鞋跟经常会磨损严重或者
缺少鞋跟钉，不要买已经变硬或过度磨损的皮鞋。

SMELL THE ITEM
闻一闻

古董店通常有点发霉的味道，
但你感兴趣的衣服不应该真的
有臭味；如果有臭味，要小心，
即便是干洗之后它可能
也没法恢复如初。

CHECK FOR MOTH HOLES
检查是否有虫蛀

你要特别仔细地检查衣物是否被虫蛀，这些虫蛀主要影响
羊毛或羊绒，但蛀虫的幼虫也会啃食丝绸、棉花和毛皮。
你可能不会发现蛀虫，它们早已跑了，但干洗仍可能
导致衣服解体，因为织物损坏可能肉眼看不见。
洗涤并不能清除虫卵，但冷冻却能杀死它们。

WHERE TO SHOP
哪里买

古董服饰可以在专业商店或集市买到。虽然你也可以
从 eBay 或 Etsy 等网站上购买，但最好还是先看看并试穿一下，
除非网店有非常清晰和全面的照片，并且有尺码标准和良好的退货政策。
古董服饰拍卖会通常是为有钱的收藏家举办的，但普通人有时可以去捡漏。

ACCESSORISE
配饰

对于那些不确定是否要在整体上
采用古董服饰风格的古着爱好者
来说，搭配包包、腰带、围巾和
古着首饰等配饰是让
现代服装焕然一新的绝妙方式。

TRY IT ON
试穿

古董服装往往不合身。这些物品通常比同等的现代尺码要小，
而且是根据它们当年的主人的身材量身定做的。例如，
20 世纪 30 年代的服装适合身材高挑、苗条的女孩，它们剪裁都比较
贴身且倾向于斜裁。20 世纪 40 年代的服装通常裁剪得更大方。
20 世纪 50 年代的服装适合曲线优美、胸部丰满、比例匀称的
小腰围女性。总的来说，古董服装的尺码与现代服装的尺码相比，
要偏小。在选购古董服装的时候，最好买大两个尺码
（如果你的尺码是 10 号，就选 14 号）。古董面料通常
因为缺乏弹性不好穿着，所以不要买太紧的。

HANDLE WITH CARE
细心呵护

非常容易损坏的古着并不适合经常穿着，
如果你要天天穿，那最好别买古着。收藏家会把一些
古着如珠饰类晚礼服，平放在无酸纸上保存。
干洗通常是最安全的，但化学物质会影响某些
脆弱的服饰或配件，所以温和的手洗也是一种选择。

第 5 章

身体之美
THE BODY BEAUTIFUL

———————

时尚在培养我们对衣服的痴迷的同时，也培养了我们对身体的痴迷，尽管这种痴迷并不一定是健康的。本章关注的是所谓完美女性形态的变化，这表明事实上，身体形态和其他事物一样受到时尚的影响；同时，本章也将关注标准化尺码表的影响和超大码服饰的时尚崛起。炫耀怀孕而隆起的肚子的潮流反映在了孕妇装的爆发式增长上，当然还有其他方式让我们的身体以时尚的名义被操纵，从妆容、发型，到更具持久效果的打孔和文身。

BODY BEAUTIFUL 身体之美

回顾过去美丽的身体，你很快就会意识到，
几个世纪以来，我们对时尚的身体的定义
是多么截然不同。从波提切利的"维纳斯"
到现代的流行歌手和名流们引以为傲的
身材，通常只有少数人符合所谓
"完美身材"的标准。

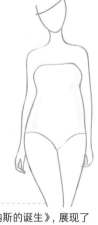

1482-1485

波提切利的画作《维纳斯的诞生》，展现了
一位优雅、苗条但身材匀称的年轻长发
美女，她常常被人们奉为"理想型女性"，
至今仍是时装设计师的缪斯女神。

1600-1640

彼得·保罗·鲁本斯（Peter Paul Rubens）
以擅于描绘丰满性感的
女性形象而闻名，并由此创造了
"鲁本斯式"（Rubenesque）绘画来
描绘一个拥有丰满曲线的人。

1840-1900

因为紧身胸衣和束腰的流行，
维多利亚时代的女人的身体被迫
被塑造成了一种不自然的形态。
巨大的裙摆、身后臀部高耸的裙撑，
让整个人的臀部和下摆部位非常突出。

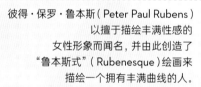

1920s

20世纪20年代的漂亮女孩的身体线条
是笔直的。胸部变得平坦，腰线有所下降，
双腿匀称。这一时期的完美女性身材
有一种未成熟的、雌雄同体的味道。

1930s

到了20世纪30年代中期，
匀称身材又重新流行起来，
当时女性的理想身材是细腰但
并不过分纤细，臀部略微圆润上翘，
胸部丰满高耸。

1940s

在第二次世界大战期间，精致的外表不如力量重要，
像偶像丽塔·海沃思和凯瑟琳·赫本一样，
拥有健康、自然的身材，被认为是最理想的。

1950s

玛丽莲·梦露、简·曼斯菲尔德（Jayne Mansfield）
等性感偶像凭借丰满的体格、修长的双腿和
轻浮的嘴唇，在银幕上炫耀着自己的曲线。
她们的腹部和大腿柔软白皙。

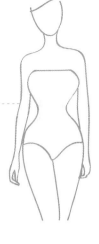

1960s

像崔姬和简·诗琳普顿这样有着
青春男孩的气息、面容瘦削、
身材超瘦的模特们引发了一场
关于遥不可及的理想型女性之美的
争论，这场争论一直持续至今。

1970s

这一时期，高挑、苗条又健壮充满活力的身材非常受欢迎。
像女演员法拉·福塞特（Farrah Fawcett）这样的被视为
理想的女性，她们拥有晒成显得健康的小麦色肌肤、
几乎不化妆，头发有光泽，稍微带点曲线的体形。
20世纪70年代的模特的体重比普通女性的
平均体重轻8%左右。

1980s

运动、健康和性感的外表造就了新一代超模。
包括辛迪·克劳馥和艾尔·麦克弗森
在内的超模们，都以其完美身材而闻名：
高挑且富有雕塑般的美感，体形苗条并
具有优美的曲线，臀部匀称，双腿修长。

1990s

20世纪90年代时尚界流行颓废风格——雌雄难辨、身材瘦削，
绰号"海洛因时尚"，其代表人物凯特·摩斯因此开启了她的
超模事业。这也使得正常女性的身体和渴望成功的
女性的身体（在时尚圈获得成功）之间产生了无法弥补的鸿沟。

2000s

跨入21世纪，健康、运动型
的身材开始受到人们的
青睐，这一时期的超模们
拥有傲人的胸部、超长的
双腿、平坦的腹部、
健康的肤色，巴西女神
吉赛尔·邦辰成为
"完美女性身材"
的代言人。

2010

在这10年里，金·卡戴珊和尼基·米纳吉（Nicki Minaj）
掀起了一种新的整形手术热潮——"臀部植入术"。
然而，这一时期的高端时尚模特的体重比普通女性的
平均体重轻了约20%。夸张的身体曲线和超瘦的身材之争，
一直在激烈进行着，但人们似乎忘记了，
这两种身材都不能代表普通女性。

BARE ESSEN TIALS 内衣

全球内衣市场价值已于 2014 年超过了 1 100 亿美元（820 亿英镑）。高级内衣品牌维多利亚的秘密出品的所谓的"梦幻胸罩"更是价值惊人。然而，尽管女性在内衣上花了不少钱，但据估计多达 80% 的女性在挑选胸罩时会搞错尺码。在商店里进行专业测量是一个不错的主意，因为女士的胸罩尺码很容易改变。下面讲述的步骤也是女士在购买内衣时需要遵循的实用指南，因为不同品牌的尺码可能不同。

VICTORIA'S SECRET FANTASY BRAS
来自维多利亚的秘密的"梦幻胸罩"

1500 万美元

Red Hot Fantasy Bra And Panties 赤热的梦幻胸罩和内裤 2000 年，吉赛尔·邦辰穿过这款内衣，上面缀有 1 300 颗宝石，包括 300 克拉的泰国红宝石。

1250 万美元

Heavenly Star Fantasy Bra 圣神的繁星梦幻胸罩 2001 年海蒂·克鲁姆（Heidi Klum）戴过的这款胸罩，上面缀有 1 200 颗斯里兰卡粉色蓝宝石和一颗 90 克拉的祖母绿切割钻石。

Heavenly 70 Fantasy Bra 圣神 70 梦幻胸罩 泰拉·班克斯（Tyra Banks）于 2004 年戴过这款胸罩，上面缀有 70 克拉梨形钻石，并因此而得名。

Star of Victoria Fantasy Bra 维多利亚之星梦幻胸罩 卡罗琳娜·库尔科娃（Karolína Kurková）于 2002 年戴过这款胸罩，上面有 1 150 颗红宝石、1 600 片绿宝石叶片。

1000 万美元

Royal Fantasy Bra 皇家梦幻胸罩 坎蒂丝·斯瓦内普尔（Candice Swanepoel）于 2013 年戴过这款胸罩，上面镶嵌着 4 200 颗珍贵的宝石和一颗 52 克拉的梨形红宝石。

**BRA SIZING
CHART**
胸罩尺码表

① 穿上最合适你的胸罩, 把肩带拉得足够紧, 这样胸部就不会往下掉。

② 在胸部下方测量并增加 4 英寸, 如果量出来的尺寸是 30 英寸, 那么下胸围尺寸就应该是 34 英寸。按照上面的方法测出来的尺寸可能会偏大, 现在也有试衣者建议只增加 2 英寸, 你可以试着缩小尺寸。如果你缩小了你的下胸围尺寸, 那么你的罩杯尺码反而会增加。

③ 从整个胸部的最丰满的部位测量, 并从这个测量尺寸中减去你的下胸围尺寸。根据左表核对罩杯尺寸。

④ 试穿新胸罩时, 要系上最松的钩; 胸罩戴着时, 你可能需要把它收紧。束带应感觉牢固和舒适, 束带下面可以舒适地放入 2 只手指。

⑤ 检查胸罩的中心部分是否平放在胸骨上, 检查钢圈是否正好在胸围的正下方, 没有间隙或凸起。

⑥ 检查罩杯: 如果乳房会溢出来, 那么就是胸罩的罩杯太小, 如果罩杯表面有皱褶, 那么就是胸罩的罩杯过大。

英寸	美	英	欧	澳	日
0	AA	AA	AA	AA	A
1	A	A	A	A	B
2	B	B	B	B	C
3	C	C	C	C	D
4	D	D	D	D	E
5	DD/E	DD	E	DD	F
6	DDD/F	E	F	E	G
7	DDDD/G	F	G	F	H
8	DDDDD/H	FF	H	FF	I
9	DDDDDD/I	G	J	G	J
10	J	GG	K	GG	K
11	K	H	L	H	L
12	L	HH	M	HH	M
13	M	J	N	J	N
14	N	JJ	O	JJ	O
15		K	P	K	P

沙滩装
LIFE'S A BEACH

大多数女性都有过这样的经历，买泳装的时候更衣室里的镜子
总会让你觉得别扭，因为你不是沐浴在阳光下，而是在强烈的灯光下。
但幸运的是，对于各地的日光浴爱好者来说，时尚已经完全融入了
每一种泳装风格之中，很多款式的泳装也可以很容易地在网上购买和退货。
所以，无论你的尺码、外形、风格如何，总有一款完美的泳装能让你尽情享受沙滩的
阳光 —— 如果你对这些信息还不够确定的话，下文会给你一些有用的建议。

BANDEAU BIKINI
管装比基尼

它分为有吊带和
无吊带两种，适合胸部较
大的女士。

SWIM T-SHIRT
游泳衫

它不仅适合冲浪者或皮肤白皙的儿童，
任何容易被灼烧或犯热皮疹的人
都可以穿着它

RUFFLED
BIKINI
荷叶边比基尼

它适合平胸的女士。

BOY SHORT BIKINI
男孩短裤比基尼

它适合比较男孩气，
窄臀、运动型身材的女士。

STRING BIKINI
细带比基尼

它适合拥有完美的
沙漏形身材的女士。

SKIRTED BOTTOM
BIKINI OR SWIMSUIT
裙边比基尼

它最适合梨形身材的女性，
穿上后臀部和大腿看上去比较协调。

CLASSIC ONE-PIECE
经典连身泳衣

它是适合所有人穿着的泳装，
单一的图案或褶边装饰可以掩盖
腹部的圆润，流线型拼接突出
腰部或最小化下半部分。

HALTER-NECK
ALL-IN-ONE
挂脖连身泳衣
又称露肩露背款连身泳衣

它是一款带有复古风格的泳装，
突出乳沟，并使宽肩膀最小化，
从而突显穿着者的胸部。

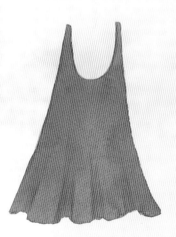

HIGH-WAISTED BIKINI
高腰比基尼

它适合比较害羞的女性，上装的管状
比基尼上衣与高腰款的下装相搭配，
既能掩盖腹部，也能展现
穿着者的性感魅力。

TANKINI
坦基尼

它是一款两件套的分体式比基尼，
无袖短上衣与比基尼下裤的组合
比露肩露背款连身泳衣更保险，
你可选着一款不那么紧身的上装。

SWIMMING DRESS
泳裙

它像是纱笼和泳装的结合体，
它适合希望把身体遮掩得
比较好的女士。

A LIFE IN STYLE
MARILYN MONROE 梦露风格

从她十几岁开始模特生涯，到她成功地成为好莱坞偶像，
再到她 36 岁时不幸去世，玛丽莲·梦露的标志性风格是
毫不掩饰的性感和金发碧眼的天真无邪的混合体，
无论银幕内外，无论她穿什么衣服，她都时刻
散发着自己的风格魅力。

迷人的晚礼服 GLAMOROUS GOWNS ①

玛丽莲·梦露的标志性合身吊带领口连衣裙，领口下垂，束腰设计，长裙裙摆及地，通常是由她长期合作的服装设计师威廉·特拉维拉为她设计的，不少礼服裙都成为经典。玛丽莲·梦露的许多礼服都是特别紧身的款式，紧到恨不得把自己也缝进礼服里，比如她给约翰·肯尼迪唱《生日快乐》时穿的缀有水晶饰品的裸色礼服。这条裙子上有 2500 多颗水晶，缝得特别紧以至于她在表演时显得有些呼吸困难。这件礼服后来在拍卖会上以创纪录的 480 万美元（360 万英镑）成交，其拍卖价超过了 2011 年以 460 万美元（340 万英镑）成交的《七年之痒》电影里的礼服。

风衣 TRENCH COATS ②

晚上，玛丽莲·梦露选择的外套通常是一件皮草披肩，但白天，她喜欢穿一件战壕风衣。她要么系紧腰带突出腰身，要么披在肩膀上，露出合身的直筒短裙或铅笔裙，搭配头巾、太阳镜和细高跟鞋。

铅笔裙 PENCIL SKIRTS

当玛丽莲·梦露嫁给阿瑟·米勒（Arthur Miller）并试图塑造一个更具智慧的形象时，她穿着时髦的铅笔裙，搭配清爽的衬衫、整洁的羊绒毛衣和细高跟鞋 —— 优雅与魅力之间的完美平衡。

休闲着装 DRESSED DOWN ③

玛丽莲·梦露通常会选择合身的、不规则剪裁的裤子，搭配一件宽松版型的高领羊绒毛衣。夏天她喜欢穿高腰超短裙。玛丽莲·梦露是最早推广穿单宁牛仔的女性之一，她说："即使穿着牛仔裤，你也可以变得女性化。"这可以从她早期的一张照片中看出来，那时她是自然的红棕色头发，穿着深色牛仔裤和条纹 T 恤。后来，她尝试了各种款式的衣服，但通常是高腰款，搭配腰带的毛衣或衬衫。

泳装 SWIMWEAR

梦露经常穿着泳装拍照，既有无肩带连身泳衣，也有比基尼。彩色或波卡式圆点泳装，高腰、低切裙摆、低胸，以及 20 世纪 50 年代特有的尖胸 —— 这种风格是那个时代的典型。

曲线万岁

VIVE LA CURVE

2017 年 1 月，阿什莉·格林汉姆(Ashley Graham)成为第一位登上
英国版 *Vogue* 杂志封面的超大号模特，她宣称自己的身材向公众传达的是积极正面
的信息，并热衷于推广更现实尺码的女性之美(阿什莉·格林汉姆的美国尺码是
14 码，英国尺码是 18 码)。很多其他成功的模特和她一起震撼了时尚界，比如：
大码超模坎迪斯·赫芬(Candice Huffine)、"我不是天使"活动里的莱恩·布莱恩特
(Lane Bryant，一家大尺码服装店)之星、第一位登上《体育画报》
(*Sports Illustrated*)泳装版的黑人大码模特普瑞希斯·李(Pricious Lee)，
还有拥有可观数量社交媒体粉丝的泰丝·霍利迪(Tess Holliday)。
如今，英国女性的平均尺码为 16 码(相当于美国尺码 12 码)，美国女性的
平均尺码为 16 ～ 18 码(对应的英国尺码是 20 ～ 22 码)。这些女性的成功，
更真实地反映女性身体的不同体型和尺码的模特逐渐登上 T 台，这是一场迟来的
转变。然而，最大的变化是消费者对更大尺寸的高级时装的真实需求，
年轻女性消费者厌倦了高级品牌在传统上为大码女性提供的
有限的颜色、款式和面料。

来自大码服装的年收入

ANNUAL REVENUE FOR
PLUS-SIZED CLOTHING

高街品牌，甚至是设计师
品牌，越来越意识到这块
未得到充分满足的市场的
利润潜力。在美国，
消费者在大码服装上的
开支的增长预计是
其他服饰的 2 倍。

UK **£5.08 BILLION (2017)**
英国 50.8 亿英镑(2017)

US **$21.3 BILLION (2016)**
美国 213 亿美元(2016)

高街品牌店的
大码服装购物者调查
PLUS-SIZED SHOPPERS
ON THE HIGH STREET

93%
的购物者声称，他们买衣服主要是为了遮蔽身体。

65%
的购物者希望看到一些服饰既有普通尺码又有加大码。

90%
的购物者觉得自己的需求被高街品牌店忽视了。

73%
的购物者抱怨，不同品牌的尺码大小不统一。

81%
的购物者认为，如果品牌服饰的尺寸有更多的选择，他们会在衣服上花更多的钱。

60%
的购物者觉得在专门的大码服装店购物有点尴尬。

9 IN 10
10 个女人中有 9 个认为，为了找到合适的尺码，需要在商店里寻求帮助，这会让她们觉得不舒服。

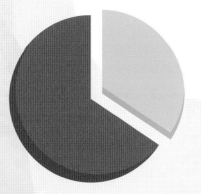

2/3
的购物者认为，市面上的大码服装较少，她们更愿意在家里试穿衣服。

与大码时尚有关的关键时间点
KEY DATES IN
PLUS-SIZED FASHION

1930s 英国大码服装店 Evans 成立。

1940s 女性对衣服尺寸的执着始于 20 世纪 40 年代，由于战争导致的面料短缺而推出标准化服装尺寸。在这之前，服装店给出的服装尺寸只有胸围尺寸。女人们经常自己缝制衣服或者请女裁缝量身定制服装。

1977 玛丽·达菲（Mary Duffy）在纽约创立了第一家大码模特经纪公司"大美人"（Big Beauties）。

2013 第一个大码服装品牌卡比里亚（Cabiria）在纽约梅赛德斯奔驰时装周上亮相。

2015 罗宾·劳利（Robyn Lawley）成为第一位在《体育画报》泳装拍摄中亮相的大码女性。2016 年，阿什莉·格林汉姆也入选其中，她被选为最受欢迎的泳装版封面女郎。

2017 阿什莉·格林汉姆登上了英国版 Vogue 一月刊的封面，并参与了美国版 Vogue 三月刊的"新标准"（New Norm）模特专题拍摄。

数字游戏
A NUMBERS GAME

服装的尺码化是在工业革命期间首次引入的，工业化大规模生产
使得服装行业的产能得到空前的提高。但直到 20 世纪四五十年代，
才在世界范围内起草了第一份基于平均测量值的标准尺码清单，
并在此后不断完善。然而，所谓的标准尺码并不是一个强制性的标准，
因此，很多零售商为了讨好顾客，在尺码标注上动了手脚，
用"虚荣的尺码"替代了标准尺码。

英国标准协会（British Standards Institution）最
近披露，在过去的四十年中，女性 10 码
（美码 6）发生了怎样的变化。

1974　胸围 82 厘米（32 英寸），臀围 87 厘米（34 英寸）

胸围 86 厘米（34 英寸），臀围 96 厘米（38 英寸）　**2015**

著名的性感女神们的
着装尺寸差异

Marilyn Monroe 玛丽莲·梦露
20 世纪 50 年代她的尺码是 12 码（美码 8）
2015 年，她应该穿 8 ~ 10 码（美码 4）

Kim Kardashian 金·卡戴珊
2015 年，她的尺码是 14 码（美码 10）
1974 年，她的尺码应该是 18 码（美码 14）

INTERNATIONAL WOMEN'S DRESS SIZES

2	4	6	8	10	12	14	16	18	20	22	24	26
00	0	2	4	6	8	10	12	14	16	18	20	22
30	32	34	36	38	40	42	44	46	48	50	52	54
28	30	32	34	36	38	40	42	44	46	48	50	52
34	36	38	40	42	44	46	48	50	52	54	56	58
4	6	8	10	12	14	16	18	20	22	24	26	28
3	5	7	9	11	13	15	17	19	21	23	25	27

不同国家的女鞋尺码标准

INTERNATIONAL WOMEN'S SHOE SIZES

1	3	34	34	34		21
2	4	35	35	35	3.5	22
3	5	36	36	36	4.5	23
4	6	37	37	37	5	24
5	7	38	38	38	6	25
6	8	39	39	39	7	26
7	9	40	40	40	7.5	27
8	10	41	41	41	8	28
9	11	42	42	42	8.5	29

美丽的妈妈
BELLA MAMA

如今时尚的孕妇装在快时尚商店里
随处可见，孕妇的大肚子成了一种可
炫耀的配饰，但这个现象并不是
自古就有的。

1400s –1700s

第一件孕妇装出现于巴洛克时期，它被
称为"阿德里安裙"（Adrienne dress），
这件衣服很宽大，并且带有很多褶皱，
用来掩饰不断长大的肚子。为了方便
母乳喂养，到了乔治时代，围嘴
被添加到这些宽大的衣服上。

1800s

维多利亚时代的妇女把她们怀孕的大肚子
藏在特制的紧身胸衣下，这种胸衣是两侧系带
而不是后背系带。为了保持女性的腰身，
许多妇女在怀孕期间也把紧身胸衣的
系带系得特别紧，这样做是非常危险的。

1920s

这个时髦的时代出现了宽松、直纹剪裁
（也称纵裁）的连衣裙，腰线被放低，
这是孕妇掩饰隆起的大肚子的理想选择。

1930s

帝政裙（又称帝国高腰裙）是
掩盖孕妇大肚子的完美服饰。1938 年
法兰克福三姐妹在达拉斯推出的
革命性品牌 Page Boy Maternity，
曾为伊丽莎白·泰勒和杰奎琳·肯尼迪
等名流孕妇定制孕妇装。

1950s

虽然女性没有在这一时期把怀孕
当作一件大事来宣传，但有越来越多的
女性为自己怀孕而骄傲。
《我爱露西》（I Love Lucy）中的
露西尔·鲍尔（Lucille Ball）成为
第一个在银幕上展示自己孕妇肚子的女人，
尽管她当时穿着审慎、飘逸的上衣和
腰围宽松的连衣裙。

1960s

20 世纪 60 年代的时尚对孕妇非常友善，她们可以在当时的时尚偶像杰奎琳·肯尼迪身上找寻穿着灵感。第一夫人在怀孕期间穿着简单优雅的直筒连衣裙和精致剪裁的夹克。

1970s

马克西长裙和娃娃裙（baby dolls，一种性感睡裙）都适合孕妇穿着。此外，具有超强拉伸效果的聚酯纤维时尚喇叭裤或短裤，也成为准妈妈们的新选择。

1980s

戴安娜王妃的孕妇装是 20 世纪 80 年代孕妇时尚的缩影，猫咪蝴蝶结领结和彼得潘领子，以及超大号的男式衬衫裙。20 世纪 80 年代也诞生了一些小众的孕妇装品牌。

1990s

1991 年，身怀六甲的黛米·摩尔（Demi Moore）以全裸的形象登上了《名利场》（Vanity Fair）杂志封面。这张标志性照片由安妮·莱博维茨拍摄，由此掀起了孕妇摄影的潮流，开启了对怀孕的赞美文化。

2000s

21 世纪初，孕妇装成了一门大生意。随着面料技术的进步，生产商们制作的孕妇装可以随着孕妇肚子日益增大不断调整服装的宽松度。主流零售商 GAP、Topshop 和 H&M 都推出了孕妇装系列。

TODAY

总部位于纽约的 Hatch & Market 和英国的 Clary & Peg 等品牌正在推出一些设计巧妙的孕妇装。它不但可供女性们在孕期穿着，同时也可以通过一些巧妙的变换，使孕妇在孕前或孕后都能穿着它。一些时尚评论员甚至就此得出结论：专用的孕妇装可能很快就会成为过去。

操纵身体
MANIPULATED BODIES

操纵我们的身体以迎合时尚并不是
什么新鲜事。西方的紧身衣、东方的缠足，
以及世界各地的部落习俗都通过损害或
装饰的手段改变我们的身体，这样的传统
已经延续了很多个世纪。而现代的
人体艺术、打孔等潮流趋势都显示了
人类总是想改变他们的身体。即使
在现代世界，即使在城市里，通过
身体修饰来表明自己属于某个
部落群体也是很常见的。

MODERN PIERCINGS, BODY ART & IMPLANT
现代打孔、人体艺术和植入物

很少有哪个人体部位没被人修饰过，
人们为此尝试了各种稀奇古怪的方法。
有的人甚至将染料注入眼球，植入吸血鬼般的
牙齿，通过外科手术在颅骨皮肤下植入物体，
制造出角状凸起。这些比早已融入主流文化中的
打孔和文身更稀罕。某些文身师有着
长长的客户名单，并拥有知名的客户，
他们成了文身艺术家，成了社会名流。

THE CORSET
紧身胸衣

从 16 世纪到 20 世纪，紧身胸衣曾广泛流行。
它以折断女性的肋骨和压碎她们的内脏为代
价，迫使她们的躯干变成一个腰围很小的
沙漏形状。尽管紧身胸衣在 20 世纪早期
就已经过时了，但到了 20 世纪末，
一种可怕的趋势出现了，女性为了达到
同样纤细的腰身，而采取手术方式去除部
分肋骨，据说像雪儿这样的名人
都接受了这种手术。

FOOT BINDING
缠足

中国的妇女从 10 世纪、11 世纪开始缠足。
女性的脚，特别是上流社会女性的脚，从小就用
布包扎起来，目的是使脚只有 10 厘米（3 英寸）
长。在女性成长的过程中，脚骨头会因此断裂、
扭曲、折叠，造成永久性疼痛、残疾甚至死亡。
这种残忍的习俗一直持续到了 20 世纪初。

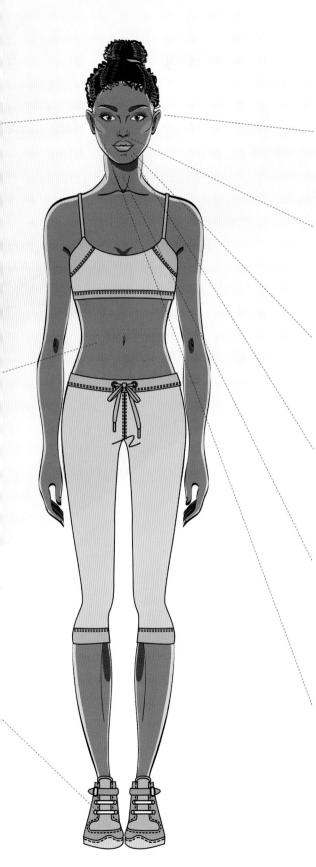

BODY MODIFICATION 身体修饰

EAR-STRETCHING
耳垂拉伸

肯尼亚的马赛人和亚马孙河的华奥拉尼人几个世纪以来一直保持着耳垂拉伸习俗。

NOSE PLUGS
鼻塞

直到 20 世纪 70 年代,印度的阿帕塔尼部落的妇女一直号称是最美丽的,她们的鼻孔里插着巨大的塞子,脸上文着文身,以保护她们不受邻近部落的伤害。

LIP PLATES
唇板

在埃塞俄比亚的穆尔西部落,15 到 16 岁的女孩都有下唇切口和装饰板。嘴唇逐渐延展,有些可达到 12 厘米(5 英寸)的直径。

TOOTH-SHARPENING
磨齿

在印度尼西亚,把牙齿凿成尖角的做法仍然很普遍,用这种方式锉牙的妇女被认为比其他人更漂亮,地位更高。

NECK RINGS
颈环

缅甸的卡扬人从两岁起就用颈环逐渐拉长脖子,达到不自然的比例。这些环实际上并不会拉长颈部,而是向下推动锁骨,弯曲胸腔,让人产生颈部变长的假象,削弱颈部,从而也使得这些环永远无法移除。

RITUAL SCARIFICATION
仪式性伤痕

在许多地方的人都有部落文身、割裂舌头和故意制造伤疤以显示部落成员身份的做法,如新西兰的毛利人,西太平洋、巴布亚新几内亚和埃塞俄比亚的其他民族。在现代社会这种做法越来越受欢迎,一些人认为这种做法源于文身,并将其视为文身的"升级版"。

NAIL IT 涂指甲

美甲可以追溯到公元前 3000 年，那时候的埃及、
印度和中国的妇女就开始使用天然染料染指甲了。
但直到 20 世纪 30 年代，法国露华浓公司才开始
生产面向大众市场的各种颜色的指甲油，
美甲潮流自此一发不可收拾。

英国女性平均每年在指甲
上花费 450 英镑，相当于
每周卖出 100 多万瓶指
甲油。

Tatler 杂志的时尚编辑希
亚·格林（Thea Green）于
1999 年创立的 Nails Inc. 开创
了街头美甲店的潮流。他家提
供 150 多种颜色的美甲选择，
其中包括备受消费者追捧的皮
革质感指甲油。

位于加州新港海滩的 Images Luxury Nail Lounge 美甲店提供价值 2.5 万美元的美甲服务，包括用真正的钻石和金箔碎末材料做美甲，你还可以在美甲的同时尽情地享用香槟和全身按摩。

Ellie Cosmetics 推出的完美婚礼指甲油"I DO"，由白金粉末制成，装在一个白金瓶子里，价格约为 55000 英镑。

据报道，丽塔·奥拉（Rita Ora）为出席 2014 年 MTV VMA，花了 5.6 万美元做美甲，她的 Azature 黑钻指甲油里含有 267 颗黑钻石。Azature 的白钻指甲油比它更厉害，其中含有 1400 颗白色钻石，重 98 克拉。

预计到 2020 年，全球指甲油市场价值将达到 90 亿美元。

CROWNING GLORY

头发是女人至高无上的荣耀

"胜利卷"（Victory Rolls）发型因第二次世界大战归来的轰炸机在天空中表演盘旋而得名，这款用发胶和发夹定型的长卷发是20世纪40年代的标志性发型。

20世纪20年代以前，女人们都留着长发。20年代，路易丝·布鲁克斯（Louise Brooks）的波波头，约瑟芬·贝克（Josephine Baker）的指卷发型（finger cuts）和大波浪发型，在时髦的年轻人中很流行。

1920s

1940s

古文明时期

18世纪

1930s

1950s

罗马人用精致的发型来证明他们的财富，发式上饰有珠宝发夹、珍珠还有珠子。埃及艳后克利奥帕特拉（Cleopatra）标志性的刘海风格发型是一个神话，她在好莱坞电影中的形象使之广为流行。事实上，埃及女王剃了光头，就像大多数埃及妇女一样，还戴了各种假发——向后梳的辫子，卷得很紧的卷发，以及带有金属眼镜蛇装饰的埃及皇室头饰。

轻柔的波浪发型与当时的性感时尚相得益彰，它与让·哈洛（Jean Harlow）、贝蒂·戴维斯（Bette Davis）和玛琳·黛德丽等女演员的形象密切相关。

20世纪50年代流行的发型多种多样：奥黛丽·赫本男孩气的波波头，露西尔·鲍尔的贵宾犬小卷儿（poodle curls），搭配波比袜的高马尾，以及贝蒂·佩奇（Bettie Page）的黑色长发刘海风格，这种风格——直到今天依旧深受复古风格爱好者的喜爱。

玛丽·安托瓦内特御用的知名美发师莱昂纳德·奥蒂（Léonard Autié）发明了奢华的"塔式"（pouf）发型，一下子成为当时最时髦的发型。贵族妇女们为了追求更高的"塔式"发型，用成股的纱布将发型固定住，并在上面用珠子、羽毛和动物或船只造型的饰品作装饰。

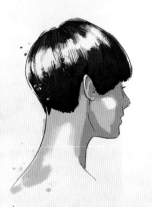

20 世纪 80 年代的男女们在打造自己的发型时已经"百无禁忌"了。这十年里各种卷发夹、烫发棒、染发膏等产品层出不穷。

20 世纪 60 年代早期流行的是上翘的"蜂窝式"发型（beehive），之后，维达·沙宣的"五点波波头"（five-point bob）在玛莉·官和格蕾丝·柯丁顿（Grace Coddington）的带动下流行起来，而女演员米娅·法罗（Mia Farrow）让更短的精剪短发发型成为流行。

五彩缤纷的发色、健康活力的卷发、长刘海发型、利落的短发、带有挑染的长卷发，以及略显呆板的离子烫直发 —— 21 世纪第一个 10 年里，各种发型都像是实验性的。

1960s　　**1980s**　　**2000s**

1970s　　**1990s**　　**2010s**

法拉·福塞特（Farrah Fawcett）和电影《霹雳娇娃》（*Charlie's Angels*）对 20 世纪 70 年代的发型产生了巨大的影响，风格轻快的长羽毛剪（long feather-cut）被各地的迪斯科女郎模仿。蓬松发型、楔形波波头和埃弗罗发型（large afro 又称黑人烫或爆炸头，一种圆形蓬松卷发）也非常流行。

这 10 年的关键词是"瑞秋" —— 詹妮弗·安妮斯顿（Jennifer Aniston）在《老友记》里的角色的发型，受到全世界爱美女孩的青睐，尽管她多次表示自己并不喜欢这款发型。

在 21 世纪第一个 10 年的后期，浸染的染发技术出现了，这种双色调的染色技术源自粉色的发梢染色搭配深色发根染色或根部漂白，它将两者巧妙融合，形成一种带有微妙的色彩变化、略显混乱、带有水洗褪色效果的时尚发色。它通常被大家叫作巴黎画染（balayage），染出来的效果像是徒手画的，光影之间没有明显的界线。

标志性香味
SIGNATURE SCENTS

香水是我们服装和妆容的一部分，也是我们对某种标志性气味
难以捉摸的追求，正是这种追求促使了每年多达 100 种新香水的面世。
但是，创造一款标志性的香水并不容易，著名的"鼻子"非常受追捧，
这些专家的嗅觉经过精心训练，他们可以蒙住眼睛通过鼻子辨别出
数百种不同的气味。从基调开始，以确定气味是否是木香 ——
浓郁而又辛辣或干净、清新的花香，他们在几千种从植物精油、
动物产品（如麝香）中提取的或人工合成的香料中进行选择，
之后再用几个月的时间不断地进行测试。

高级定制香水（Haute Parfumerie）是与时装屋相关的最新定制香水潮流，其中包括香奈儿、迪奥、纪梵希和阿玛尼等时装屋推出的高端小众香水系列。此外，娇兰（Guerlain）也推出了价值 3 万英镑的私人定制香水。

CALVIN KLEIN
CK ONE

CALVIN KLEIN 公司通过以年轻的凯特·摩斯为主角的广告宣传，使这款 1994 年的清新运动型香水成为经典。它也是最早的大牌中性香水之一。

CHRISTIAN DIOR
POISON

不可否认的是，这款 20 世纪 80 年代的"重口味"香水已经过时了。那股源自浓浓夜来香的浓烈、辛辣和让人难以忍受的甜味香气，使得喜欢的人特别喜欢，讨厌的人十分讨厌。

CHRISTIAN DIOR
DIORISSIMO

这款诞生于 1956 年的香水，拥有山谷中最纯净的百合花香味，但由于迪奥公司失去了配方中的某些成分的专有权，而迫使其不得不修改配方。

CHANEL
N° 19

一种淡淡的花香，带有鸢尾、风信子和百合的香味，Chanel No 19 是清新型香水中的杰作。

ROBERT PIGUET
FRACAS

这款香水深受麦当娜和嘎嘎小姐的喜爱，它让人印象深刻的香味具有香根草、檀香和麝香的后调，茉莉花、紫罗兰和栀子的前调。

JEAN PATOU JOY

这款香水被认为是有史以来最贵的香水。据说它由 10600 朵茉莉花和 336 朵玫瑰制成，是杰奎琳·肯尼迪的标志性香水。

GUERLAIN
SHALIMAR

这款诱人的香水于 1925 年推出，它的东方香味融合了鸢尾、香草和玫瑰，2001 年重新推出，至今仍受欢迎。

CHANEL
N° 5

它由恩尼斯·鲍（Ernest Beaux）于 1921 年创造，其标志性的香味具有檀香和香根草的后调，茉莉和玫瑰的中调，依兰依兰和橙花的前调。

FLUID FASHION 流动的时尚

女孩穿男装并不是什么新鲜事，但是当下性别的流动性已经变得越来越明显，许多设计师喜欢的模特，其外表总是雌雄莫辨。

在经历了 20 世纪 50 年代极端的女性化时尚之后，20 世纪 60 年代出现了反对完美的家庭主妇形象的运动，其中包括性解放运动。1966 年，伊夫·圣·洛朗创作出了他的标志性作品"吸烟装"，一件女式燕尾服。伴随妇女解放运动的发展，男性开始留长头发，尝试更女性化的服装。

在第一次世界大战期间，男人们出去打仗了，女人们承担了他们的工作，同时也借用了他们的服装，那时候还没有专门给女人穿的裤子。

玛琳·黛德丽和凯瑟琳·赫本都是以身着男士风格的服装闻名的好莱坞偶像。裤装和男士风格的西装已经成为赫本的标志性风格。

1914

1930s

1960s

1920s

1940s

可可·香奈儿引领了时尚变革，她不仅打造了女士裤装，同时也创立了自己的风格。她喜欢穿情人的衣服，并在情人的服装上寻找时尚灵感，开始是法国赛马商埃蒂安·巴尔桑（Étienne Balsan），后来是威斯敏斯特公爵的粗花呢西装和裤子，他们对她的设计影响很大。

英国版 Vogue 终于在 1939 年加入了裤装革命的行列，第一次在杂志上刊登了休闲裤。20 世纪 40 年代，女性陆军军人获得了制服，这影响了时尚界，并掀起了以军事为主题的时尚潮流。广受消费者欢迎的"警笛套装"（Siren Suits）就是其中之一，它是一款一体式连身裤，可以用各种印花面料制作；为了保暖，脚踝和袖口处采用了松紧带，并设计了风帽以便在防空洞中穿着。

和鲍伊一样，Prince 的性别也显得多变：尽管他有着明确的性别，但他却是一个有些"娘娘腔"的异性恋者。相比之下，格蕾丝·琼斯常常显得更男性化而不是女性化，但她的声音是她同时具备男性和女性的感观的关键，从而让她具有雌雄难辨的魅力。

从变装艺术家格雷森·佩里（Grayson Perry）身着礼服接受 2003 年特纳奖（Turner Prize）到主流时装设计师让男模特穿着女装走上 T 台，再到第一位被大众所知的两性模特汉娜·加比·奥迪勒（Hanne Gaby Odiele）呼吁除去那些一出生就是双性别的人身上的污名—— 从人们为女人穿裤装而感到震惊的过去到今天，我们走过了很长的路。

1980s

2000 至今

1970s

1990s

大卫·鲍伊是雌雄难辨的终极代表，在雌雄难辨还未被大众提及的时候，他就已经跨越了性别的界限。那时同性恋还未合法化，但身着紧身衣、浓妆艳抹的鲍伊对男女都有吸引力。他的风格反抗了传统，开创了先例，让男性和女性都能在时尚界突破性别界限。

垃圾摇滚时尚运动让女性穿上了伐木工人的衬衫、宽松的夹克和阳刚的靴子，与此同时，科特·科本（Kurt Cobain）等公众人物则从伴侣的衣柜里借来了娃娃装和晚礼服。1998 年，大卫·贝克汉姆穿着纱笼出席了一个聚会。

第 6 章

配饰与鞋履
ACCESSORIES, FOOTWEAR & JEWELLERY

时尚不仅仅与服装有关，时尚还为时尚爱好者们提供了一个令人陶醉的配饰世界，从不可思议的鞋子、昂贵的名牌手袋和珠宝到围巾、帽子和袜子。本章将为读者讲述有关鞋的一切，从手工定制的鞋到无处不在的球鞋，以及舒适但又令人质疑的时尚 UGG 靴子。同时，本章还揭示了时尚收藏家的怪癖和奇妙的痴迷，以及那些对时尚充满热情的人的奇怪的花钱方式：比如买奢侈品牌宠物饰品，你买过吗？

ALL TIED UP 全被套牢

作为终极时尚配饰，围巾可以是优雅的印花丝质方巾、飘逸的夏季雪纺丝巾或温暖的冬季羊毛围巾。但无论你选择哪种风格，你都将成为一个漫长而曲折的传统的一部分。

埃及王后娜芙蒂蒂（Nefertiti）以美貌闻名，她的头饰下面戴着精心编织的围巾。

这一时期流行围一条薄薄的轻纱，轻纱从一顶尖尖的高帽尖上垂下来。

以丝巾闻名的法国工作室爱马仕成立，但百年后它才开始生产丝巾。

伊莎多拉·邓肯（Isadora Duncan），这位传奇的舞蹈家，曾让飘逸的长围巾成为流行，但她却因为车轮卡住了她的长围巾而送命。

1350 BC

中世纪

1837

1927

10AD

1786

1914

罗马人通常将"sudariums"（一种用于擦汗的手帕）或"汗布"，系在脖子或腰部，五十年后，尼禄皇帝也遵循了这种风格传统。

拿破仑·波拿巴将印度的羊绒围巾送给他的妻子约瑟芬。

为战场上的士兵织保暖围巾成为爱国义务。

这十年里，丝质方形头巾成为标志性饰品，奥黛丽·赫本、英国女王等都是这股潮流的引领者。

嬉皮士开始用围巾当头巾，或者将它系在腰上和胸部代替其他衣服。

折叠的三角形披肩被现在的羊绒披肩所取代。

1950S

1970S

1990S

1930S

1959

1980S

2000S

人造丝是一种半合成纤维（见第 12 页），在 20 世纪初迅速流行起来。它使价格实惠的印花方巾得以批量生产。

在亚里士多德·奥纳西斯（Aristotle Onassis）的游艇派对上，当时的摩纳哥王妃格蕾丝·凯利用她的爱马仕丝巾作为绑受伤手臂的吊带，从而让丝巾成为标志性配饰。

权力着装的时代开始了，很快搭配宽肩版硬挺西装的方格纹流苏大披肩成为最受欢迎的配饰。

丝巾的佩戴方式多种多样：前系、后系，用作腰带，或将多张方形丝巾结成吊带款上衣。

HATS OFF

脱帽致敬

直到 20 世纪 50 年代末，女性每天都要戴帽子，这是一件理所当然的事情；如果没有戴帽子，就会让人觉得着装不当。如今，帽子成了一种时尚单品，从菲利普·特雷西（Philip Treacy）、斯蒂芬·琼斯（Stephen Jones）等创意精湛的女帽设计师的作品，到保暖帽或防晒帽，可供选择的种类和款式丰富多样。当然，你也可以通过帽子表达自己的时尚身份。

TRILBY
软呢帽

它因多萝西娅·贝尔德（Dorothea Baird）而闻名，她在由乔治·杜莫里尔（George Du Maurier）的小说《软帽子》（Trilby）改编的舞台剧中担任主角时，佩戴了这顶帽子。它通常被误认为是"fedora"，它的帽顶要尖一些，帽檐要窄一些。

COWBOY
牛仔帽

它是约翰·B.斯特森（John B. Stetson）于 1865 年发明的，人们一眼就能认出它是西部荒原的象征，它也是名流们的最爱。

CLOCHE
钟形女帽

这款钟形帽子与 20 世纪 20 年代风格密切相关，但今天它被重新塑造成一种别致的现代风格。

PILLBOX
药盒帽

它发明于 20 世纪 30 年代，这种无边的小帽子，形状类似于一个药箱，由于杰奎琳·肯尼迪对优雅风格的热爱，使其在 20 世纪 50 年代成为标志性风格单品。

STRAW
编织帽
或草帽

夏季必备单品，去海滩的时候，戴上一顶超大号的大边草帽和一副太阳镜，再时尚不过了。

BERET
贝雷帽

这顶扁平的、圆形无边的羊毛帽，常常被时髦地戴在一边。它起源于 17 世纪法国的巴斯克地区，从一开始就被军队所采用，所以它也是标志性的军装风格时尚单品。

FUR HAT
皮草帽

皮草被用来做帽子已经有很多个世纪的历史了，一提到皮草帽，人们立刻想到的是俄罗斯的"乌尚卡"（ushanka），又称狩猎帽（在中国它也叫苏联毛帽或雷锋帽），它是一种两边有护耳的哥萨克风格防风帽。

STATEMENT HATS
花式礼帽

在派对、婚礼、时尚活动和时装秀中，只要与帽子相关的地方，都能见到它。头顶龙虾或帆船的已故的时尚偶像伊莎贝拉·布罗（Isabella Blow）也是它的粉丝。

PANAMA
巴拿马帽

巴拿马帽并不是源于巴拿马，而是厄瓜多尔。这顶由泰迪·罗斯福（Teddy Roosevelt）和汉弗莱·博加特（Humphrey Bogart）带火的帽子，早在 20 世纪中叶就过时了，但现在作为夏季必备单品又开始流行起来。

BEANIE
无边便帽

这顶经典的街头针织帽子起源于 20 世纪初的美国，"豆"（Bean）是头的俚语。起初它是蓝领工人们戴的，既保暖又不碍事，非常实用。在 20 世纪 90 年代，它被纳入主流，此后成为一种时尚必备品。

FEDORA
费朵拉软呢帽

这顶时尚的毛毡宽檐帽于 1882 年首次以女性风格的饰品出现，女演员莎拉·伯恩哈特（Sarah Bernhardt）在戏剧《费朵拉》（Fédora）中扮演费朵拉时搭配了这款帽子。它在女权活动家中越来越受欢迎，后来男人们也采用了这种风格，这与美国的黑帮禁令有关。

BASEBALL CAP
棒球帽

这款无阶级的帽子深受嘻哈艺术家和各类名人的喜爱，有各种颜色，上面印有标语和标志。每个人都有自己的佩戴方式：帽檐上下倾斜，向后或向侧面倾斜，或向下拉以搭配超大太阳镜。

手袋

IN THE BAG

手袋对女人而言，总是
充满了吸引力。它的外观
要么光鲜靓丽，彰显主人的
身份地位；要么色彩艳丽、
款式独特，凸显主人的
个性魅力。每只手袋的
内在都是与众不同的，
因为它是一个女人
生活的缩影。

THE HERMÈS BIRKIN
爱马仕的 BIRKIN 手袋

她是爱马仕首席执行官让 - 路易斯·
杜马斯（Jean-Louis Dumas）于 1985 年
为女演员简·柏金打造的，因为他
无意中听到她抱怨找不到合适的
皮包。Birkin 是世界上最奢华、
最昂贵的手袋，其标准版的零售价
超过 6000 英镑（8000 美元）。

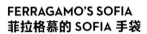

FERRAGAMO'S SOFIA
菲拉格慕的 SOFIA 手袋

这款手袋的风格灵感来自萨尔瓦托·
菲拉格慕（Salvatore Ferragamo）的密友
索菲亚·罗兰（Sofia Loren）。

THE GUCCI JACKIE
古驰 的 JACKIE 手袋

当古驰公司发现当时的美国第一夫人经
常带着这款手袋时，就以杰奎琳·肯尼迪
的名字命名了这款经典挎包。

> **42%** 的英国女性
> 说，别人翻她的手袋，
> 就像偷看她的
> 私人电子邮件或
> 信息一样让人不安。

CHRISTIAN DIOR'S LADY DIOR
克里斯汀·迪奥的 LADY DIOR 手袋

它是迪奥公司于 1994 年推出的一款时装包，
由于戴安娜王妃非常喜欢它的风格，
故将其重新命名为 Lady Dior。

> **82%** 的人认为，
> 女人的手袋和手袋里
> 的东西揭示了
> 她的个性。

THE HERMÈS KELLY
爱马仕的 KELLY 手袋

格蕾丝·凯利在这个手袋还是自己电影服
饰道具的时候就爱上了它，当她怀上
第一个孩子时用它遮挡刚刚怀孕的肚子，
这款手袋因此闻名。爱马仕公司
于 1977 年将这个包改名为 Kelly。

LUELLA BARTLEY'S GISELE
卢埃拉·巴特利的 GISELE 手袋

它是卢埃拉·巴特利 (Luella Bartley)
设计的系列手袋里第一款以名模和
名人的名称命名的。巴特利于
2002 年以巴西超模吉赛尔·邦辰
的名字命名了这款手袋。

THE MULBERRY ALEXA
玛珀利的 ALEXA 手袋

玛珀利 (Mulberry) 的 Alexa 手袋
是 2009 年推出的，
以模特兼主持人钟小姐
的名字命名，它也是玛珀利
有史以来最畅销的手袋。

THE MULBERRY DEL REY
玛珀利的 DEL REY 手袋

这款包以歌手拉娜·德·雷
(Lana Del Rey) 的名字命名，
和同品牌的 Alexa 手袋一样，
在 2012 年，歌手背着这款包出街
被拍后，很快销售一空。

LOUIS VUITTON'S SC
路易威登的 SC 手袋

这款手袋是由导演索菲亚·科波拉
(Sofia Coppola) 的名字命名的，
它由她和时任路易威登 (Louis Vuitton)
创意总监的马克·雅各布一起设计。

MARC JACOBS STAM
马克·雅各布的 STAM 手袋

它以模特杰西卡·斯塔姆
(Jessica Stam) 的名字命名，这款带有
金属链条的绗缝包成为 2005 年的
必备单品。但让粉丝们失望的是，
设计师于 2013 年决定停产这款包。

WHAT'S IN YOUR BAG?

2012 年，吉百利 (Cadbury)
就手袋里的十大物品，
对英国女性进行了调查，
结果令人惊讶！

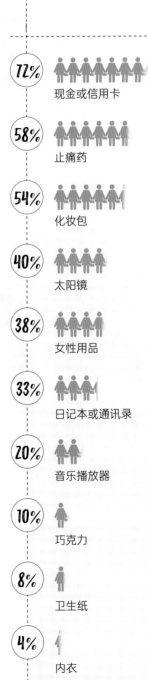

72% 现金或信用卡

58% 止痛药

54% 化妆包

40% 太阳镜

38% 女性用品

33% 日记本或通讯录

20% 音乐播放器

10% 巧克力

8% 卫生纸

4% 内衣

A LIFE IN STYLE 杰奎琳·肯尼迪·奥纳西斯的时尚风格
JACQUELINE KENNEDY ONASSIS

杰奎琳·肯尼迪·奥纳西斯是 20 世纪最优雅的女性之一，
无论是作为美国第一夫人，还是作为希腊航运大亨的妻子，
以及后来在纽约做图书编辑，她始终保持着她标志性的
简约、精致风格，并总能让它成为当时的时尚潮流。

婚纱 WEDDING DRESS

1953 年，24 岁的杰奎琳·李·布维尔（Jacqueline Lee Bou-vier）与参议员约翰·F. 肯尼迪（John F. Kennedy）举行了婚礼，她身穿一件 20 世纪 50 年代的经典礼服，由粉色丝绸罗缎和 50 码象牙色丝绸塔夫绸制成。这条裙子是由安·洛韦（Ann Lowe）设计的，安·洛韦是一位非裔美国设计师，他为很多社交名媛制作礼服，但却在其他地方鲜为人知。婚礼前 10 天，一场水灾毁掉了他花了两个月时间才做好的礼服，但安·洛韦和他的裁缝们日夜赶工，为了婚礼重新赶出一件婚礼礼服。

精致的套装和药盒帽
TAILORED SUIT & PILLBOX HAT ①

在杰奎琳·肯尼迪作为第一夫人时，留下的最难忘的照片里，她都穿着经典的单色定制套装，红色、粉色、粉彩和中性色的雅致带扣夹克搭配及膝裙，配饰有：白色手套、手袋、鞋子，当然还有她标志性的药盒帽。后来杰奎琳最喜欢穿着的是经典香奈儿套装 —— 黑色的粗花呢款。

晚礼服 EVENING GOWNS

纪梵希为杰奎琳设计了很多优雅的露肩礼服和直筒长裙，用明亮的色彩和华丽的刺绣来展现穿着者的风格魅力。

直筒连衣裙 SHIFT DRESSES ②

杰奎琳非常喜欢穿无袖款直筒连衣裙，特别是 20 世纪 50 年代和 60 年代的时候，她喜欢穿着各种印花的、彩色的、黑白的及膝直筒连衣裙，她常用的配饰有手套、珍珠饰品或项链、超大太阳镜，手臂上常常挽着一只手袋。

度假装 VACATION WEAR ③

杰奎琳嫁给肯尼迪之后，夏天会在科德角的家里待上几周。第一夫人被拍到打着赤脚穿着简单的白色裤子和整洁的毛衣，或者穿着短裤和无袖衬衫打网球。后来，在亚里士多德·奥纳西斯（Aristotle Onassis）的豪华游艇上，人们更常看到杰奎琳轻松而优雅的转变，她总是戴着太阳镜，戴着头巾。

IF THE SHOE FITS... 足下风光

玛丽莲·梦露曾说过一句名言："给一个女孩合适的鞋子，她就能征服世界！"
全世界的女人肯定都同意。几个世纪以来，出于装饰和实用的原因，
男人和女人都同样注意脚上穿的鞋。鞋类最大的变化是运动鞋的
诞生和球鞋成了最受欢迎的鞋中的霸主。

男女都穿凉鞋，男士的凉鞋是朴素的
或镀金的，女士的凉鞋上有圆片装饰。
在一只花瓶上的绘画中，阿芙罗狄蒂
拒绝了牧神潘的鞋，透露出关于
鞋的情色联想。

随着巴黎掀起的绸缎潮流，更精致的鞋子
出现了，丝绸和织锦制作的鞋子上装饰着
金银或黄铜制作的搭扣。

18～19
世纪

古文明
时期

16世纪

维多利亚
时代

从 15 世纪到 17 世纪，一种鞋底
高达 20 英寸的高底鞋 "chopine"
非常流行，它不仅在鞋掌处有
高高的水台，还有着高高的鞋跟。
衣着考究的女士们穿着它走在
肮脏的街道上，地位越高的人
鞋底越高。

19 世纪下半叶，结实、系带的
黑色纽扣靴大受欢迎，它反映了
当时严格的道德价值观。优雅的
缎面拖鞋会在晚上穿着。

20 世纪初，低跟鞋很流行，但在第一次世界大战期间，实用、结实的靴子和不好看的宽头鞋（wide shoe）又重新流行起来。20 世纪 20 年代，平底鞋的鞋边变得更高，上面装饰了鞋扣、羽毛、玫瑰花朵饰品、毛皮、丝带、蕾丝，等等。

1900s-1920s

战争期间，玛丽珍鞋和系带的布洛克鞋这样的经典鞋款非常流行。40 年代末，独具 20 世纪 40 年代风格的高跟鞋和露指的鱼嘴鞋流行了起来。

1940s

细高跟鞋的受欢迎程度经久不衰，但在女权主义者中不太受欢迎，她们不但批评细高跟鞋伤害了女性身体，让她们瘫痪，还将其作为物化女性的方式之一进行批判。粗跟高跟靴子的鞋跟也越来越高，后来逐渐演变成了 20 世纪 70 年代的水台靴。

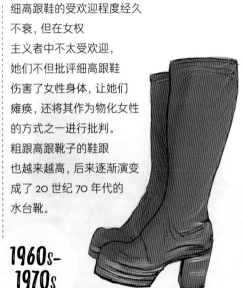

1960s-1970s

1930s

20 世纪 30 年代出现了我们今天熟知的一些鞋款，矮跟和中跟宫廷鞋、双色调布洛克风格高跟鞋和 T 形凉鞋。白色网球鞋开始出现在人们的户外穿着中。

1950s

这一时期，宫廷鞋、芭蕾舞鞋和系带凉鞋都很受欢迎，但真正定义 50 年代鞋款风格的，却是细高跟鞋——罗杰·维维尔于 1953 年发明，他与克里斯汀·迪奥为迪奥的"新风貌"系列合作开发了这个新鞋款，它也是最具女人味的鞋款之一。

1980s 至今

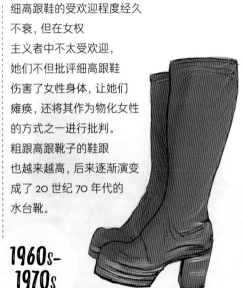

尖头高跟鞋是 20 世纪 80 年代权力着装的终极配饰。到 20 世纪 90 年代，鞋类设计师马诺洛·伯拉尼克、周仰杰和克里斯提·鲁布托等成为家喻户晓的明星，这在一定程度上需要感谢系列电视剧《欲望都市》。球鞋时代也在这一时期开启，并一直延续到今天，从而使运动鞋成为最常见的鞋。

定制鞋

HAPPY FEET

定制鞋是鞋类的高定系列，在传统上定制鞋与男士相关，但近年来，女士定制鞋却呈上升趋势。虽然男士定制鞋的起价更高，约为 2500 英镑（3300 美元）—— 相比之下女士定制鞋起价为 1500 英镑（2000 美元）——但女士定制鞋根据设计的不同可以涨到更高。然而，定制鞋铁杆粉丝说，一旦你拥有了一双，你就再也回不去了 —— 它是独一无二的，最适合你的脚，只有它了解你的所有细节要求，它将是你能拥有的最舒适的鞋。

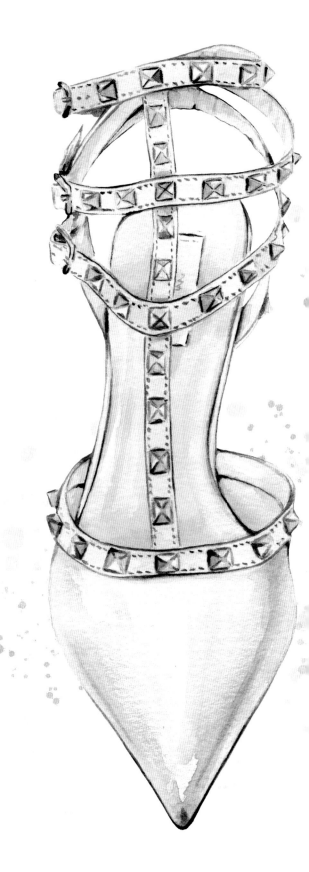

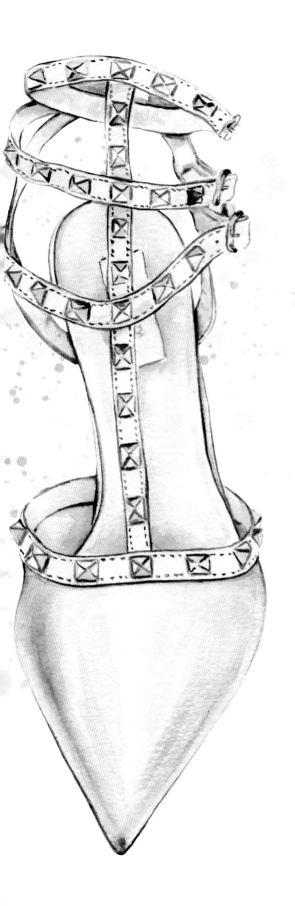

 首先，你的脚需要经过专业的测量和评估。之后一个制鞋人会描出你的脚，绘制插图并加上非常详细的注释，你的脚的任何细节都能被再现出来。你将与他讨论你想要的是什么样的鞋，从内部设计出发，之后才是选择颜色、鞋跟高度和类型。

 然后，制鞋商会根据你的脚的测量数据来制作鞋楦——一个非常精确的脚模型，由坚固的木头制成，通常是鹅耳枥或山毛榉。

 利用三维的鞋楦剪出了一个平面纸样，这个过程需要几个小时来创建一个独一无二的纸样模版，上面有你想要的所有细节要求。

 根据纸样对鞋面皮革进行剪裁，剪出皮样，这个过程叫作："clicking"（模切），接着再由一个熟练的缝纫师缝合皮样。

 将鞋面安装到鞋楦上，使鞋面与内底连接在一起，这需要一名匠人手工缝制（这也是鞋的细节制作过程，比如布洛克鞋的针脚），从而创造出一双基本完工的鞋。

 测量完数据3～5个月之后，你将试穿你的鞋子，任何调整都会在安装鞋底前完成。最后一步是抛光，仅抛光过程可能就要花费近一天的时间。

球鞋
KEEP ON RUNNING

代表平等主义的球鞋在时尚圈一开始是
不入流的，可如今它在时尚 T 台和秀场头排的风头
与其在篮球场上并无二致。球鞋爱好者们
会对经典球鞋的主要构成部件和
它背后的故事很感兴趣。

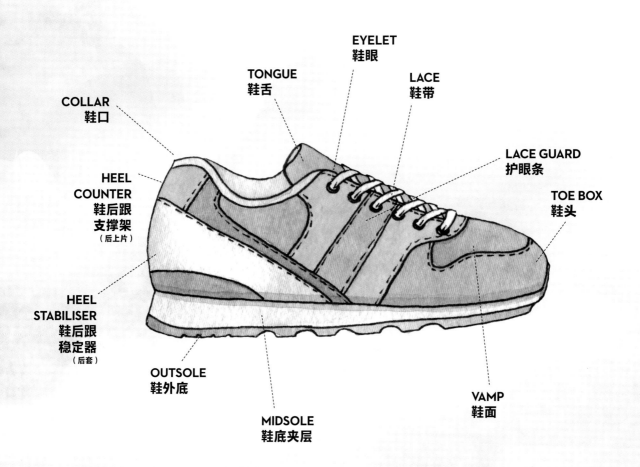

EYELET
鞋眼

TONGUE
鞋舌

LACE
鞋带

COLLAR
鞋口

LACE GUARD
护眼条

HEEL
COUNTER
鞋后跟
支撑架
（后上片）

TOE BOX
鞋头

HEEL
STABILISER
鞋后跟
稳定器
（后套）

OUTSOLE
鞋外底

VAMP
鞋面

MIDSOLE
鞋底夹层

THE SNEAKER STORY

公认的第一双球鞋是
一双硫化巴西胶鞋

1830

2015

坎耶·维斯特与
阿迪达斯合作推出
Yeezy 系列运动鞋

卡尔·拉格斐
在其高定时装秀上让
所有模特都穿上了
香奈儿球鞋

2014

1892

第一双帆布鞋,名字叫 Keds,
绰号叫 "sneaker" *,因为
尽管它们很 "安静",但也能
吸引别人的眼光

＊ sneak 有偷偷摸摸的意思

第一双篮球鞋是
匡威的 the Converse
All Stars 球鞋,1923 年
由查克·泰勒
(Chuck Taylor) 代言

1917

1997

普拉达 (Prada) 发布的
新运动装系列中包括
一款球鞋

迈克尔·乔丹穿上了
耐克的 Air Jordans 鞋

1984

1966

范斯 (Vans) 品牌成立,
并受到滑板运动员们的追捧

斯坦·史密斯 (Stan Smith)
获得世界排名第一后,
阿迪达斯将一款网球鞋
以其名字命名

1971

1982

锐步 (Reebok) 推出了
Reebok Freestyle 系列,
它是第一款健身鞋

雪地靴
SNUG AS A BUG

无论你爱它还是恨它，
UGG 靴子 —— 看上去
最不可能持久流行的
时尚产品，依旧是名人、
模特(穿着它们在各大秀场
之间奔跑)和女演员的最爱。
一位女演员用它搭配了一条
古装长裙而被大众所熟知。

THE UGG STORY
UGG 的故事

1978

澳大利亚冲浪运动员布赖
恩·史密斯(Brian Smith)
前往美国加利福尼亚, 他把
冲浪者用来保暖的羊皮靴
也带来了。UGG 品牌商品
一开始只在一些专业的店
铺售卖, 但它很快就击中了
冲浪者和户外运动人群。

1995

达科思公司(Decker Out-
door Corporation) 以
1500 万美元的价格收购了
UGG, 使它与公司的凉鞋
品牌 Teva 形成互补。

1998

UGG 品牌旗下产品有两条
靴子类产品线 —— 它们是
品牌的核心产品、四条拖鞋
产品线和一些休闲类产品。
品牌重新调整产品的市场
定位, 以便打入高端鞋类
市场。

2000

UGG 给奥普拉·温弗瑞送了一双"Ultra"靴。她非常喜欢这款靴子，在节目中对其赞不绝口，并为她手下的节目制作员工们购买了350双。从那以后，她曾五次把 UGG 列入"最喜爱的产品"名单。

2003

UGG 被 Footwear News 评为"年度品牌"。包括凯特·摩斯在内的名流们都穿着 UGG，从而引发了时尚狂潮。

2010

Jimmy Choo 和 UGG 联手发布了五款带有饰钉、流苏和豹纹的高端设计产品，每双售价约 495 英镑。2011年时尚杂志和潮流榜单都将 UGG 列为过时产品，可没人理会，名人们依旧穿着 UGG，或许不是因为时尚，而是为了舒适。

今天

UGG 品牌并没有死掉，这在一定程度上得益于舒适朴素的鞋类产品的时尚复兴，除了 UGG, Teva 和 Birkenstocks 等品牌也因此受益。正是舒适的原因，品牌得以不断走强。现在，UGG 品牌不仅生产大量标志性的靴子，还生产衣服、手袋和其他配饰。

TIGHT SPOT 长袜

中世纪时，男人们穿着的紧身裤（hose）算是最早的长筒袜。在 1589 年，威廉·李（William Lee）发明了"织袜机"（stocking frame），一种可以编织粗纺羊毛袜的机器，后来也能编织丝袜。在工业革命期间，威廉·科顿于 1864 年申请了新款织袜机的专利，它生产管状布料，那是制作丝袜和紧身裤的完美材料。在 20 世纪二三十年代，人造丝和粘胶纤维成为真丝的廉价替代品；1940 年尼龙面料问世，这意味着长袜不再下垂，并能完美地覆盖腿部。今天，长袜的款式、面料、厚度、颜色和图案更加多种多样。

FISHNETS
渔网袜

它由十字交叉的网织物制成，使腿部肌肤像钻石一样露出来。它与歌舞明星、朋克们，以及 20 世纪 80 年代的麦当娜密切相关。

THERMALS
保暖袜

它通常由合成纤维制成，尽力既保暖又时尚，非常适合寒冷的天气穿着。

WOOLLEN/HEAVY COTTON TIGHTS
羊毛袜或厚棉袜

带有校园风的冬季紧身袜经时装设计师重新设计，在素色的校服袜中加入了菱纹、螺纹等针织图案。

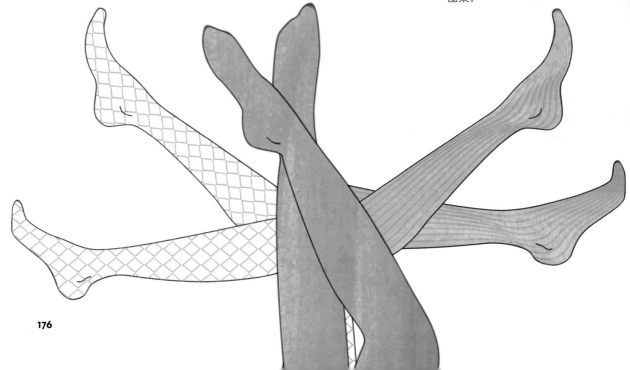

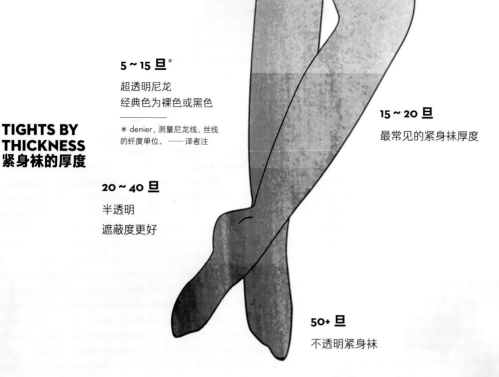

5～15旦*

超透明尼龙
经典色为裸色或黑色

———————

* denier，测量尼龙线、丝线
的纤度单位。——译者注

15～20旦

最常见的紧身袜厚度

TIGHTS BY THICKNESS
紧身袜的厚度

20～40旦

半透明
遮蔽度更好

50+旦

不透明紧身袜

TIGHTS/PANTYHOSE
紧身裤/裤袜

它完全覆盖腿部并包裹裤
裆和腰部，通常由尼龙或相
同重量或较重的棉质材料
制成。

STOCKINGS
长筒袜

它最初是带有吊带的长度
及大腿处的尼龙袜。今天
依旧还有真丝的长筒袜，但
它没有弹性，并且容易出现
滑丝和抽丝。

HOLD-UPS/STAY-UPS
大腿袜

像长筒袜一样，长度及大
腿，大腿处有一圈弹力带做
固定。

KNEE-HIGHS
过膝袜

长度刚好没过膝盖的尼
龙袜，穿在裤子或长裙里
边，视觉效果和紧身裤袜
一样。

OPTICAL ILLUSION 眼镜

即使拥有双眼 1.0 视力（第一代视力表）的人也已经清楚地
知道眼镜的时尚潜力，以至于现在有些人吹嘘自己拥有一个"光学衣柜"
（Optical wardrobe），每套衣服都有一副眼镜与之相搭配。因此，
包括眼镜镜框、隐形眼镜和太阳镜在内的整个眼镜市场正呈爆炸式
增长，2017 年其全球价值高达 950 亿美元，预计到 2020 年将达到
1400 亿美元。为自己买一副简单大方的眼镜是完全可以的。
如果你想将其作为投资的话，下面这些是世界上最贵的太阳镜。

$

卡地亚（Cartier）的
PANTHÈRE 太阳镜

框架为 18 克拉黄金，镶有 523 颗
明亮式切割*的白色和黄色钻石、
4 颗明亮式切割的绿宝石和
黑色尖晶石

＊ brilliant-cut，一种为
增光辉而将钻石切割成
58 个刻面的切法。——
译者注

LUXURIATOR 的 CANARY
DIAMOND 太阳镜

有精美的钻石装饰的
18K 镀金镜架

宝格丽（Bulgari）的
FLORA 太阳镜

由 18K 白金制成，
镶有钻石和蓝宝石

$59,000　　　　　　**$65,000**　　　　　　**$164,000**

杜嘉班纳（DOLCE & GABBANA）的 DG2027B 墨镜

镜架是黄金的，
上面用钻石镶嵌出品牌名

珠宝品牌肖邦（CHOPARD）与意大利眼镜制造商 DE RIGO VISION 合作的太阳镜

这副眼镜镶嵌了 51 颗钻石，
镜腿上有 24K 黄金装饰

SHIELS JEWELLERS 的 EMERALD 太阳镜

由 18K 黄金制成，并镶嵌了钻石，
有绿宝石镜片装饰

$200,000

$383,609

$400,000

水晶迷宫
CRYSTAL MAZE

没有什么能比施华洛世奇
水晶更迷人的了,
施华洛世奇品牌与时尚界
有着长久的联系。

玛琳·黛德丽在
电影《金发维纳斯》
(*Blonde Venus*)中
佩戴了施华洛世奇的
珠宝首饰,她的
服饰上也有
水晶装饰。

时装界彻底爱上了施华洛世奇,
包括克里斯汀·迪奥在内的设计师
都开始用一种新的施华洛世奇水晶
来装点他们的设计。这种水晶带有
一种闪烁的彩虹光泽效果,并以
北极光命名,叫作"Aurora
Borealis"。1956 年,丹尼尔·
施华洛世奇去世,享年 93 岁,
但他的家族继续经营着生意。

波西米亚珠宝商丹尼尔·
施华洛世奇(Daniel Swarovski)
在奥地利阿尔卑斯山的小镇
瓦滕斯创立了他的同名公司,
在这之前,他获得了电动切割机的
专利,这种机器可以非常
精确地切割晶体。他的愿望是
"让每个人都能拥有一颗钻石"。

1895　　**1932**　　**1953**　　**1956**　　**1962**　　**1987**

20 世纪 50 年代,带有水晶装饰的
礼服出现在电影中早已司空见惯,
比如玛丽莲·梦露在电影
《绅士爱美丽》中
穿着的标志性礼服。

玛丽莲·梦露穿着一件装饰有
2500 颗施华洛世奇水晶的紧身连衣裙,
演唱"生日快乐,总统先生"。
这条裙子于 2016 年以 480 万美元的
价格被一位匿名竞拍者拍得。

专为狂热收藏家们服务的施华洛世奇水晶协会
成立于 1987 年,是世界上最大的收藏家协会,
在 125 多个国家拥有 325 000 名会员。

卡莉·克劳斯（Karlie Kloss）取代
米兰达·可儿成为品牌大使。
人们对水晶的狂热一直继续：一个富有的
俄罗斯学生用一层闪闪发光的施华洛世奇
水晶覆盖了她的整辆奔驰车；
一只用 82000 颗施华洛世奇水晶
装饰的摇摇木马，市场售价
高达 98400 英镑。

施华洛世奇公司原有的雪绒花标志
被新的天鹅标志替代。

施华洛世奇首次举办时装秀 ——
Runway Rocks，展示了一系列
设计师打造的华丽首饰和限量版单品。

在第 79 届奥斯卡颁奖
典礼上，施华洛世奇
打造了一幅 34 英尺宽
的幕布，上面装饰着
超过 50000 颗水晶。

1989 **1999** **2001** **2003** **2006** **2007** **2016** **2017**

侯赛因·卡拉扬
在 morphing 服装系列中，
利用施华洛世奇水晶
创造出惊艳的效果。

娜佳·施华洛世奇
（Nadja Swarovski）被
伊莎贝拉·布罗介绍给
了亚历山大·麦昆，
施华洛世奇品牌与这位
未来传奇设计师
合作，将水晶
运用到他的设计中，
起到了非凡的效果。
自此，施华洛世奇在
时尚界不可或缺的
地位更加牢固。

巴兹·鲁曼（Baz Luhrmann）的电影
《红磨坊》（Moulin Rouge）中的
炫目剧服镶嵌了数百万颗
施华洛世奇水晶。

耐克发布了 Air Max 97 LX
Swarovski 运动鞋，这款
女士运动鞋有黑色和银色，
由施华洛世奇水晶面料
打造，上面有 50000 颗水晶。

宝藏

HIDDEN TREASURE

珍珠一直是时尚与优雅的象征，它在上流社会流行了上百年 ——
剑桥公爵夫人也是它的粉丝。20 世纪 20 年代，
可可·香奈儿将珍珠打造成了现代时尚的宣言。
正如杰奎琳·肯尼迪曾经说过的那样，"珍珠是百搭的"。
珍珠主要产在珍珠贝类和珠母贝类软体动物体内，是由于内分泌作用
而生成的含碳酸钙的矿物珠粒。无论是天然珍珠
还是养殖珍珠都是这样产生的，养殖珍珠是人为地将刺激物
置入贝类动物体内，引发其产生珍珠的内分泌反应。

The Baroda Pearls 巴罗达珍珠 这条珍珠项链于 2007 年以 710 万美元的价格出售，它曾被一位印度土邦主所拥有，是他的一条七链珍珠项链中的一部分。

La Peregrina 漫游者珍珠 是世界上最著名的珍珠之一，卡地亚用它为伊丽莎白·泰勒制作了一条项链，2011 年它以 1180 万美元的价格售出。

A four-strand natural coloured saltwater pearl necklace 天然彩色海水珍珠四链项链 纽约佳士得于 2015 年以 500 万美元出售。

世界上最贵的珍珠

THE MOST EXPENSIVE PEARLS IN THE WORLD

世界上最有价值的珍珠产自大珠母贝（Pinctada maxima，又叫白蝶珍珠贝），这种珍珠母贝原产自南太平洋，距澳大利亚西北海岸 20 海里。大珠母贝能长到一英尺宽，能活 40 年，但一次只能产一颗珍珠。这使得大珠母贝珍珠成为世界上稀有的珍珠之一，它的产量仅占珍珠采集量的 0.5%，但其价值却占全球珍珠价值的 35%。

The Duchess of Windsor's pearl necklace 温莎公爵夫人珍珠项链 它原属于温莎公爵夫人的婆婆玛丽王后，于 2007 年以 482 万美元的价格售出。

The Cowdray Pearls 考德雷珍珠 它由一串 38 颗天然灰色珍珠和一个钻石扣组成，于 2002 年以 300 万美元的价格出售。

The Pearl of Lao Tzu 老子珍珠 它是已知最大的天然珍珠，长径为 24 厘米（9.5 英寸），重 6 公斤（14 磅）。2014 年，它估价为 350 万美元。

A double-stranded Cartier pearl necklace 卡地亚双链珍珠项链 它由 120 颗天然珍珠和 1 颗 3 克拉钻石组成，佳士得于 2012 年以 370 万美元的价格出售。

钻石小狗
DIAMOND DOGS

纽约时装周上，女演员帕克·波西(Parker Posey)的大腿上坐着她那只臭名昭著的爱犬格雷西，这只娇生惯养的小狗穿着高端时尚品牌的迷你装。如今，打扮得体的狗成为时尚人士的终极配饰。

KIEHL'S
科颜氏

这个知名护肤品牌也生产宠物狗柔顺洁毛液、宠物护发素和毛发清洁喷雾。

BARBOUR
巴伯

以生产狩猎、射击、钓鱼等户外活动用品闻名的品牌公司生产宠物用品就不足为奇了，它家生产带有领绳的打蜡夹克系列，夹克上还有品牌商标。此外，它家还生产绗缝狗床。

MUNGO & MAUD
芒戈与莫德

芒戈与莫德宠物店于 2005 年在伦敦贝尔格拉维亚开业，在其全球扩张以前，它主要服务于当地客户。这家店以手工缝制的皮革项圈、狗用绷带、天然纤维床和毯子以及有趣的宠物配件而闻名。

THOM BROWNE
汤姆·布朗

这个纽约设计师品牌出品的宠物羊绒毛衣，以汤姆·布朗的腊肠狗 Hector 的名字命名。它有自己的 Instagram，算是宠物犬界的终极时尚明星。这款宠物羊绒衫的零售价仅为 590 美元（440 英镑），上面有该品牌标志性的罗缎镶边和条纹，这样你和你的狗就可以拥有同款羊绒衫。

RALPH LAUREN
拉夫·劳伦

这个美国生活方式类品牌，由拉夫·劳伦创立，它家也生产给狗狗穿的雨衣、派克大衣、马球衫和羊绒衫，一件外套估计要让你破费 115 美元（85 英镑）。

LOUIS VUITTON
路易威登

路易威登除了销售狗项圈和带有 LV logo 印花的外套之外，还推出了同款提拎狗狗的手袋。

名流的爱犬
CELEBRITY PUPS

 2015 年，约翰尼·德普（Johny Depp）和前妻安珀·赫德（Amber Heard）因将其宠物犬 Pistol 和 Boo 偷运到澳大利亚而陷入大麻烦。

 帕丽斯·希尔顿无论到哪里都带着她的两只博美犬，希尔顿王子和小帕丽斯公主，当然还有它们的保姆。

 埃尔顿·约翰和大卫·费尼什（David Furnish）无论去哪里旅行都带着他们的可卡犬 Arthur。

 巴拉克·奥巴马（Barack Obama）担任总统期间出席重要场合时，总是带着他的葡萄牙水犬 Bo。

 名模米兰达·可儿经常被人发现，其名牌包里背着她的爱犬约克犬 Frankie。

THE GREAT OBSESSIVES 伟大的痴迷者

人们常常玩笑说，时尚是会让人上瘾的。很多人不断地
购买服装和配饰，他们热衷于收集服装或手袋，并以此为傲。
他们中的一部分人的收集已近乎痴迷。

LEVIS JEANS JUNKIE
李维斯牛仔裤的痴迷者

丹麦牛仔收藏家卡斯帕·"斯派西"·魏因里希·舍布勒（Kasper 'Spacey' Weinrich Schübeler）收藏的李维斯牛仔裤让人吃惊。他收藏了 20 条 20 世纪 50 年代以来的原版牛仔裤和李维斯 21 世纪初以来出品的每一款牛仔裤，共计 130 条。*他为收藏李维斯牛仔裤花费了约 13000 欧元，但他的收藏具有稀缺性，一些古董服饰对于时尚圈来说非常具有价值。

* 2017 年的媒体报道：卡斯帕拥有 LVC "Levis Vintage Clothing" 系列在过去 10 年里所生产的每个牛仔裤型号，约 80 条。加上上衣、衬衫和皮夹克，还有一条只生产 100 条的黄金色辅料配件 501。——译者注

DESIGNER HANDBAGS
名牌手袋收藏者

维多利亚·贝克汉姆收藏了 100 多个爱马仕 Birkin 包，价值超过 150 万英镑。在她收藏的名牌手袋和古董手袋中，Birkin 包的数量算是最多的，甚至比她拥有的自家品牌系列的手袋还多。不过，社交名媛蔡欣颖（Jamie Chua）号称拥有更多的收藏——据报道，她拥有 200 多个 Birkins 包。

SNEAKER-HEADS
（运动）鞋迷

球鞋收藏者乔丹·盖勒（Jordan Geller）大量地从零售店购买耐克运动鞋，然后在网上销售并以此"养活"他的收藏。2009 年耐克禁止旗下店铺向他销售运动鞋，从那以后，乔丹·盖勒卖掉了他的大部分收藏品，只保留了最具标志性的设计。尽管如此，他依旧获得了耐克运动鞋收藏的吉尼斯世界纪录：2504 双。其他痴迷运动鞋的人还包括演员马克·沃伯格（Mark Wahlberg），他收藏了 137 双运动鞋，价值超过 10 万美元；说唱歌手德雷克（Drake）在 2016 年定制了一款 24K 黄金版 OVO Air Jordan 10，估计价值为 200 万美元。

HOLLYWOOD OBSESSION
好莱坞痴迷者

拥有最多好莱坞纪念品的收藏家是女演员黛比·雷诺斯（Debbie Reynolds），她的收藏里包含了玛丽莲·梦露在电影《七年之痒》中在地铁口穿着的那条长裙。尽管雷诺斯试图为这些收藏品建一个永久性的博物馆，但最终还是被迫将它们拍卖了。藏品共分三场进行拍卖，仅最后一次拍卖就拍得了 2600 万美元。

SHOE FANATICS
鞋控

58 岁的鞋子收藏者达琳·弗林（Darlene Flynn）于 2013 年去世，在这之前，她一直保持着最多鞋子的收藏纪录 —— 令人难以置信的 16400 双。相比之下，伊梅尔达·马科斯（Imelda Marcos）的 2700 多件藏品可能显得苍白无力，但由于她的收藏大多数都是设计师品牌，它们的历史价值相当高，可以在专门的鞋类博物馆展出。

CRAZY FOR CHANEL
香奈儿的真爱粉

曼哈顿的公关凯伦·奥利弗（Karen Oliver）在过去 40 年里收藏了大量香奈儿商品，从粗花呢套装、手袋、腰带、围巾，到香水和化妆品等各类产品。她估计她的收藏品价值六位数，其中很多藏品她还经常穿戴。

致谢 ACKNOWLEDGEMENTS

Aurum Press would like to thank the following for supplying images:

Elliot Elam p.45tc, p.46bl & br, p.47br, pp.88–89, pp.168–169

Yoko Design 66r, p.104, p.105fr, l, r, pp.106–107, pp.114–115

Titti Lindstrem p.28, p.39l & r, p.40, p.68, p.112r, p.120, p.140, p.166

Olya Kamieshkova pp.152–153, pp.64–165

Alamy
Lordprice Collection p.108r, p.109, pp.110–111

iStock
ElenaMedvedeva pp.16–17

Shutterstock.com
A7880S pp.12–13 ; Abra Cadabraaa pp.180–181; Alenaganzhela p.44tl, tr, b, p.45tl, br; p.47tl, tc, tr, bc, p.118l; p.172; p.186; Alexey V Smirnov pp.128–129; Alicedaniel pp.130–131 Anastasiia Skliarova p.113c; Aluna1 p.15; Ana Morais p.187; Andrew Rybalko pp.82–83; Anna Ismagilova pp.160–161; Antonova Katya p.112l, p.187; Asymme3 pp.70–71; Azurhino p.15, p.52t; Babiina p.96bl; Berdsigns p.93; Biletska Iuliia p.90bl; Blue67design p.96br; Bokasana p.15; Bus109 pp.134–135; Catherine Glazkova p.119b; Chonnanit pp.12–13 Christina L p.185t, p.185c; Cincinart p.147; Claire Plumridge pp.64–65; Davor Ratkovic p.15; DeCe p.39; Designer_an p.91r; Discorat p.136; Dneprstock p.184c; Doctor Black pp.36–37, pp.66–67, p.105c, fr, pp.108–109; DoubleBubble Epine p.47bl;

Eisfrei p.138ct; fffffffly p.48; Galina Bybkina p.113t; GenerationClash p.38; GN p.90t, p.91b; Gulman Anya p.74c, p.75c; Gulnara Khadeeva pp.178–179; HikaruD88 p.45tr, p.45 bc; Iya Balushkina p.182; Iriskana p.90br; Irina_QQQ pp.116–117; Irina Violet p.137; isaxar p.55; Iya Balushkina pp.162–163; Kamieshkova pp.126–127, p.174; Katynn pp.78–79; Klerik78 pp.12–13; Konstantin Zubarev p.48; KseniyaT p.42t, p.43r; Le Panda p.52b; Lina Truman p.118c, pp.150–151; Maggical p.144; Maltiase p.48, p.187; Marina Makes pp.156–157; Michael Vigliotti p.53b; Millena p.92 Mimibubu p.45bl, p.154, pp.178–179, p.186; Moto_cat p.113b; p.139tc, bl, bc; Naddya pp.12–13; Nadiinko pp.12–13 NaDo_Krasivo p.53cl; Nancy White p.44tc, p.46bc, p.139br; Natalia Hubbert p.139tr; Neizu p.18; Oleksandr Shatokhin p.184t, p.184l, p.185b; O_vishnevska p.139tl; PYRAMIS p.119cl; Pixpenart p.48 R_lion_O p.48, pp.124–125 Ryabinina pp.170–171; Rana Hasanova p.74b, p.75t; RomanYa pp.100–101 Roman Sotola p.173; Saint A p.96c; Shafran p.57; Shekaka p.119cr; TairA pp.12–13, p.15; Tanya Kart p.113cl; Tatiana Davidova p.63; Undrey pp.174–175; VecFashion p.46t; Viktoria Gaman p.53cr; vine_suede p.53t; Vitaly Grin p.155; Wingedcats pp.88–89; Wondervendy p.91t; Yuliya Derbisheva VLG p.48

The information in this book was taken from a variety of sources both in print and online. Books used include:

Burr, Chandler *The Perfect Scent*, Picador, 2009

Hansford, Andrew, with Homer, Karen, *Dressing Marilyn*, Carlton Books, 2017
Homer, Karen, *Things a Woman Should Know About Style*, Prion Books Ltd, 2017
Homer, Karen, *A Well-Dressed Lady's Pocket Guide*, Prion Books Ltd, 2016
McDowell, Colin, *Forties Fashion and the New Look*, Bloomsbury Publishing PLC, 1997

Information was also sourced from several websites, including:
bettercotton.org
businessoffashion.com
carelabelling.co.uk
condenastinternational.com
debretts.com
ethicalfashionforum.com
fashionweekonline.com
forbes.com
huffingtonpost.com
jeansinfo.org
metmuseum.com
nytimes.com
pantone.com
reuters.com
statista.com
swarovskigroup.com
telegraph.com
theguardian.com
therichest.com
vam.ac.uk
vogue.com
wrap.org.uk

Every effort has been made to verify the accuracy of data up to the end of November 2017. Some statistics will inevitably change over time, but the publishers will be glad to rectify in future editions any omissions brought to their attention.

图书在版编目 (CIP) 数据

时尚信息图：时尚世界的视觉指南 /（英）凯伦·
霍莫 (Karen Homer) 著；张维译 . -- 重庆：重庆大学
出版社 , 2020.12
　　书名原文 : Fashion: The Essential Visual Guide
to the World of Style
　　ISBN 978-7-5689-2255-5

　　I.①时…II.①凯…②张…III.①服饰美学—普
及读物 IV .① TS941.11-49

中国版本图书馆 CIP 数据核字（2018）第 105726 号

时尚信息图：时尚世界的视觉指南
SHISHANG XINXITU SHISHANG SHIJIE DE SHIJUE ZHINAN

[英]凯伦·霍莫 著

张维 译

责任编辑　李佳熙　　装帧设计　typo_d
责任校对　万清菊　　责任印制　张 策
审　　校　徐燕娜

重庆大学出版社出版发行
出版人：饶帮华
社址：(401331)重庆市沙坪坝区大学城西路 21 号
电话：(023)88617190
网址：http://www.cqup.com.cn
印刷：北京利丰雅高长城印刷有限公司

开本：787mm×1092mm　1/16　印张：12　字数：382 千
2020 年 12 月第 1 版　　2020 年 12 月第 1 次印刷
ISBN 978-7-5689-2255-5　　定价：88.00 元

版贸核渝字（2019）第 171 号